Siti Norazlini Abd Aziz
Muhammad Hussain Ismail
Mimi Azlina Abu Bakar

Moldagem por injeção de HAp para aplicações biomédicas

Siti Norazlini Abd Aziz
Muhammad Hussain Ismail
Mimi Azlina Abu Bakar

Moldagem por injeção de HAp para aplicações biomédicas

ScienciaScripts

Imprint

Any brand names and product names mentioned in this book are subject to trademark, brand or patent protection and are trademarks or registered trademarks of their respective holders. The use of brand names, product names, common names, trade names, product descriptions etc. even without a particular marking in this work is in no way to be construed to mean that such names may be regarded as unrestricted in respect of trademark and brand protection legislation and could thus be used by anyone.

Cover image: www.ingimage.com

This book is a translation from the original published under ISBN 978-620-2-06047-9.

Publisher:
Sciencia Scripts
is a trademark of
Dodo Books Indian Ocean Ltd. and OmniScriptum S.R.L publishing group

120 High Road, East Finchley, London, N2 9ED, United Kingdom
Str. Armeneasca 28/1, office 1, Chisinau MD-2012, Republic of Moldova, Europe
Printed at: see last page
ISBN: 978-620-0-11488-4

RESUMO

Este estudo apresenta o processamento de hidroxiapatite (Ca_{10} (PO_4)$_6$ $(OH)_2$) misturada com 100 vol.% de estearina de palma (PSr) como ligante de base simples utilizando CIM. O principal objetivo da investigação foi determinar a formulação óptima da mistura pó-ligante através do binário de mistura e da análise reológica. O processo começou geralmente com o pó de HAp comercial selecionado e o ligante em proporções corretas. A partir do teste CPVP, a carga crítica foi de 70,64%, pelo que a formulação foi elaborada com cargas críticas inferiores a 2-5 vol.%. Foram investigadas quatro fracções de volume diferentes do pó: 62, 64, 66, e 68 vol.%. Durante o teste reológico, a matéria-prima contendo a mistura e o aglutinante exibiu propriedades pseudoplásticas, que eram inferiores a 200 Pa.s em função da taxa de cisalhamento. O processo de moldagem por injeção foi realizado com sucesso na gama de temperaturas de injeção de 65°C a 70°C, o que correspondeu à aplicação de uma pressão de injeção de 300 kPa a 400 kPa e seguiu a norma ASTM C1424-10. Em comparação com outras investigações anteriores, a temperatura utilizada foi ligeiramente superior a 130°C devido à ausência de um aglutinante de espinha dorsal. A forma moldada em forma de haltere foi completamente desbastada e sinterizada num ciclo completo, utilizando um único forno com a presença de um meio de mecha para remover o ligante PSr. De seguida, a amostra foi sinterizada a três temperaturas diferentes de 900°C, 1000°C e 1100°C para permitir a difusão das partículas. Além disso, o resultado da DSC mostrou que o ponto de fusão do ligante PSr era de 62°C, pelo que a temperatura de mistura foi aplicada ligeiramente mais alta, a 70°C, o que permitiu uma mistura homogénea. O resultado da retração mostrou que uma formulação mais elevada (68 vol.%) resultou em - propriedades de retração mais baixas; uma temperatura de sinterização mais elevada contribuiu para propriedades de retração mais elevadas. Isto deveu-se à maior carga de pó, o que significou uma menor retração do volume compacto e um controlo mais fácil da tolerância dimensional, o que é muito importante para peças moldadas por injeção complexas. De seguida, a dimensão dos poros da amostra sinterizada foi medida com um instrumento micrométrico. O resultado da porosidade obtido mostrou que uma maior fração volumétrica da carga de pó resultou numa maior porosidade; 62 vol.% resultou em cerca de 38% de porosidade e 68 vol.% resultou em cerca de 41% de porosidade, respetivamente. A estrutura porosa mostrada nas imagens SEM estava altamente interligada; assim, promoveu um melhor crescimento do tecido ósseo para aplicação em implantes. O resultado XRD obtido mostrou que a formação de TCP ocorreu a 1100°C, diminuindo assim a resistência à compressão da HAp.

ÍNDICE DE CONTEÚDO

LISTA DE SÍMBOLOS

Símbolos

atom%	Atomic Percentage
ρ	Bulk density
Ca/P	Calcium to Phosporus
cm^3/g	Centimeter Cubic Per Gram
K	Kelvin
°	Degree
°C	Degree Celcius
°C/min	Degree Celcius Per Minute
P	Force
GPa	Giga-Pascal
g	Gram
g/cm^3	Gram Per Centimeter Cubic
Q	Heat
kN	kilo Newton
kg	kilogram
kV	kilovolt
L	Lentgh
log	Logarithm
d	Mean of The Two Diagonals
MPa	Mega Pascal
μm	micrometer
mA	miliamphere
mg	miligram
mL	mililiter
mm	milimeter
mm^3	milimeter Cubic

mm/min	Milimeter Per Minute
mm^2/mm^3	Milimeter Square Per Milimeter Cubic
ppm	Part Per Million
S_w	Particle width distribution
Pa.s	Pascal Second
cm^{-1}	Per Centimeter
s^{-1}	Per Second
%	Percentage
ε	Porosity
rpm	Revolution Per Minute
γ	Shear Rate
n	Shear Sensitivity Index
2Θ	Two Theta
η	Viscosity
vol.%	Volume Percentage
w/w%	Weight Per Weight Percentage
wt.%	Weight Percentage

Abreviaturas

ACP	Amorphous calcium phosphates
ASTM	American Society For Testing And Materials
CaP	Calcium Phosphate
CDHA	Calcium-deficient hydroxyapatite
CPVP	Critical Powder Volume Percentage
CIM	Ceramic Injection Molding
DCPD	Dicalcium phosphate dihydrate
DCPA or DCP	Dicalcium phosphate anhydrous
DLC	Diamond Like Carbon
DSC	Differential Scanning Calorimetry
DBP	Dibutyl Phthalate
EBA	Ethylene Butyl Acrylate Copolymer
EAA	Ethylene Acrylic Acid Copolymer
EDS	Energy Dispersive X-Ray Spectroscopy
EVA	Ethylene-Vinyl Acetate Copolymer
FA or FAp	Fluorapatite
FTIR	Fourier Transform Infra Red
HA, HAp or OHAp	Hydroxyapatite
HDPE	High density polyethylene
ICP-OES	Inductive Couple Plasma Optical Emission Spectrometry
LPS	Liquid Phase Sintering
MCPM	Monocalcium phosphate monohydrate
MCPA or MCP	Monocalcium phosphate anhydrous
MWNT	Multiwalled Carbon Nanotube
OCP	Octacalcium phosphate

OA, OAp or OXA	Oxyapatite
PEEK	Polyetheretherketone
PSr	Palm Stearin
PW	Paraffin Wax
PE	Polyethylene
PEG	Polyethylene Glycol
PMMA	Polymethyl Methacrylate
PP	Polypropylene
PDF	Powder Diffraction File
PIM	Powder Injection Molding
SSS	Solid State Sintering
SA	Stearic Acid
TGA	Thermo Gravimetric Analysis
TCP	Tricalcium Phosphate
TTCP or TetCP	Tetracalcium phosphate
3DP	Three Dimensional Printing
XRD	Xray Diffractometer
YSZ	Yttria Stabilized Zircornia
α-TCP	A- Tricalcium Phosphate
β-TCP	B-Tricalcium Phosphate

LISTA DE FÓRMULAS QUÍMICAS

Chemical Formula

As	Arsenic
Al_2O_3	Alumina
$Na_2OCaOP_2O_3-SiO$	Bioglass
Cd	Cadmium
Ca	Calcium
$CaPO_4$	Orthophosphate
$Ca_{10}(PO_4)_6(OH)_2$	Calcium Hydroxyapatite
OH	Hydroxide
Pb	Lead
Mg	Magnesium
Hg	Mercury
PO_3^{4-}	Phosphate
P	Phosphorus
SS316L	Stainless Steel 316L Powder
Si_3N_4	Silicon Nitride
$Ca_3(PO_4)_2$	Tricalcium Phosphate
Ti	Titanium
H_2O	Water
ZrO_2	Zircornia

CAPÍTULO UM
INTRODUÇÃO

1.1 ANTECEDENTES DO ESTUDO

Nos últimos anos, com o aumento da procura de implantes, o desenvolvimento de materiais únicos como a hidroxiapatite (Ca_{10} $(PO_4)_6(OH)_2$, HAp) tem sido amplamente utilizado como um material biocompatível adequado para implantes, especialmente em aplicações biomédicas. Devido às excelentes propriedades alcançadas, tais como a biocompatibilidade e a bioatividade, e especialmente a osteocondutividade e a não toxicidade (Girija et al., 2012), o desenvolvimento deste material biocerâmico cresceu significativamente e tem sido sempre o material de investigação mais interessante para futuras melhorias, tais como a redução de custos e menos questões ambientais.

Além disso, a hidroxiapatite (HAp) é amplamente utilizada como material de implante devido à sua composição química e estrutural semelhante em cerca de 70% à fase mineral do osso e dos dentes humanos (Prokopiev & Sevostianov, 2006). Pode verificar-se que, atualmente, a HAp é amplamente utilizada como material de substituição óssea, revestimento de próteses metálicas e até como aplicação de enxerto ósseo devido à maior procura de implantes biocerâmicos na indústria médica (Brydone et al., 2010).

Ao enfrentar alguns dos problemas críticos observados em relação às rotas de processamento, verificou-se que o próprio material contribui para um custo extremamente elevado. O maior desafio do processamento da hidroxiapatite é produzir a forma mais rentável para formas complexas com propriedades superiores através de uma via de fabrico fiável. Numa outra perspetiva, foram introduzidas muitas melhorias nas rotas de processamento da HAp, que ajudaram a reduzir gradualmente os processos subsequentes de maquinagem e tratamento térmico. A maior parte da investigação no domínio dos materiais tem-se esforçado por melhorar ainda mais, especialmente as vias de processamento em comparação com os métodos convencionais, que oferecem formas limitadas e exigem tempos de produção mais longos.

Até à data, foram efectuados estudos extensivos com pó de hidroxiapatite (HAp), mas muitos deles centraram-se em materiais residuais e utilizaram HAp sintética. Muitos estudos e pesquisas bem-sucedidas foram realizados e relatados na publicação sobre a forma sintetizada de fontes de resíduos naturais, como concha de ostra, corais, casca de ovo, concha do mar e concha de molusco (Ali et al., 2015), que enfatizaram que o alto teor de $CaCO_3$ contribui como fonte de cálcio para a produção de HAp. Por conseguinte, este facto encorajou muitos investigadores de materiais a explorar e desenvolver novas alternativas em métodos de processamento avançados de HAp.

Embora a aplicação de HAp tenha vindo a aumentar rapidamente, especialmente em aplicações de implantes, incluindo nos campos biomédico e ortodôntico, as preocupações com alguns atributos importantes do processamento e caraterização do material tornaram-se mais vitais. Anteriormente, muitos métodos de processamento de HAp foram introduzidos, especialmente no que diz respeito à produção de scaffold de HAp, que foi relatado em muitas publicações. Asri et al. (2015) relataram que a fabricação de HAp usa uma técnica sol-gel que também é conhecida como fundição por congelamento, enquanto uma técnica de imitação ou impressão tridimensional (3DP) é usada por Butscher et al. (2012). Todos estes métodos têm a sua própria novidade, mas também apresentam algumas desvantagens, como a existência de citotoxicidade durante a remoção do solvente e do agente espumante, resultando assim no problema da rigidez da forma, que se tornou uma grande preocupação.

Além disso, verificou-se que os andaimes de HAp não conseguem manter a sua forma depois de mergulhados num ambiente líquido durante um curto período de tempo, uma vez que começam a decompor-se. Para ultrapassar estes desafios na produção de andaimes de HAp, Cui et al. (2012) propuseram o método mais fiável para o fabrico de formas complexas e também para a produção em massa, que é a moldagem por injeção de pó.

Ofereceu uma possibilidade única de melhorar o produto e tornou-se o processamento mais económico em comparação com o método de processamento anterior. Basicamente, o processo completo de moldagem por injeção de cerâmica (CIM) consiste na preparação da matéria-prima através da mistura de pó cerâmico e aglutinante polimérico, moldagem por injeção, desbaste e sinterização (Stanimirovic et al., 2012).

Atualmente, existem alguns trabalhos que realizam pesquisas em CIM particularmente envolvendo pó cerâmico e aglutinante polimérico (Ali et al., 2015; Goijan et al., 2014; Md. Ani et al., 2014; Foudzi et al., 2013). Por conseguinte, o próprio sistema de aglutinante também desempenha um papel vital, uma vez que pode formar uma mistura homogénea de pó-mistura, e o aglutinante também actua como um veículo temporário durante a mistura e a moldagem por injeção; produz assim a forma desejada e mantém a forma até ao processo de sinterização (Subuki I, 2010).

O aglutinante utilizado neste estudo consiste num aglutinante único de estearina de palma que é 100% sem qualquer presença de um aglutinante de espinha dorsal. Atualmente, a utilização de um sistema de aglutinante amigo do ambiente tem sido um esforço motivador para a produção ecológica. A estearina de palma (PSr) tem um grande potencial, uma vez que pode ser utilizada como ligante alternativo em vez de ligantes poliméricos que têm sido amplamente utilizados em sistemas de ligantes convencionais. As propriedades únicas da estearina de palma foram introduzidas recentemente no MIM e no CIM, uma vez que provém de recursos naturais locais que actuam como lubrificante e tensioativo do sistema aglutinante.

Ramli et al. (2012) afirmaram que o sistema aglutinante de polietileno e estearina de palma foi bem-sucedido no estabelecimento de uma ligação entre as partículas do pó de titânio e a hidroxiapatite. Isto tinha sido feito anteriormente de forma semelhante por Ali et al. (2015), em que o sistema aglutinante de estearina de palma/polietileno tinha sido empregue em hidroxiapatite a partir da concha de material residual.

Para além disso, existem vários sistemas de ligantes que têm sido utilizados em sistemas de ligantes convencionais para CIM, tais como ligantes à base de cera de parafina (Soykan et al., 2005), ligantes de copolímeros (Karacsony et al., 2015), ligantes de polímeros termoplásticos ou poliolefinas (Onbattuvelli et al., 2013) e ligantes à base de água (Yang et al., 2002).

1.2 DECLARAÇÃO DO PROBLEMA

O processamento de andaimes de HAp a partir de uma mistura de pó de HAp com ligante de estearina de palma por via da metalurgia do pó (PM), em particular por moldagem por injeção de cerâmica (CIM), é bastante difícil, especialmente devido às várias fases envolvidas que podem ter impacto na qualidade das peças sinterizadas finais.

A carga óptima de pó pode ser avaliada após a obtenção da carga crítica a partir do teste CPVP. De seguida, foram utilizadas 2 temperaturas diferentes como temperatura de mistura: a primeira foi a 160°C, que seguiu o parâmetro da investigação anterior; e a segunda foi a 70°C, que foi ligeiramente superior ao resultado do DSC, em que a fusão do ligante foi a 52°C. O efeito da temperatura de mistura foi estudado a partir do binário de mistura, da parte reológica e da análise TGA, de modo a enfatizar o efeito da própria temperatura. Pesquisas anteriores foram realizadas, especialmente em pó de HAp sintetizado a partir de resíduos de conchas marinhas (Rujitanapanich et al., 2014).

Entretanto, Gergely et al. (2010) e Abdulrahman et al. (2014) sintetizaram com sucesso HAp a partir de resíduos reciclados de casca de ovo. Um estudo anterior de Ali et al. (2015) mostrou que o HAp foi sintetizado com sucesso a partir de resíduos naturais da casca de ovo. O principal desafio enfrentado por pesquisadores anteriores, especialmente para produzir a fase pura de HAp durante o processo de sinterização, foi o custo. A HAp comercial era bastante cara em comparação com a HAp sintetizada, mas tem sido encorajador para os investigadores desenvolver o processamento de HAp com um custo mínimo, sendo um método amigo do ambiente, utilizando um ligante de base única de estearina de palma.

Outra questão crítica relativamente ao andaime de HAp é a possibilidade de fabricar o pó de HAp comercial utilizando um único ligante, a estearina de palma, na CIM. Há muitos investigadores anteriores que referiram a utilização de vários tipos de sistemas de aglutinantes, incluindo um aglutinante de espinha dorsal para produzir um andaime de HAp utilizando pó de HAp comercial e compósito, como cera de parafina, termoplástico, polietilenoglicol (PEG), polimetilmetacrilato (PMMA), estearina de palma (PSr) e polietileno (PE).

Conforme relatado por Arifin et al. (2014), o compósito Ti/HAp foi moldado com sucesso por injeção utilizando um sistema de ligante PSr e PE, enquanto o compósito SS316L/HAp também foi moldado com sucesso por injeção utilizando os mesmos sistemas de ligante PSr e PE (Ramli et al., 2013).

A investigação anterior de Ali et al. (2015) também teve sucesso na moldagem por injeção utilizando a HAp sintetizada a partir de conchas, utilizando os mesmos sistemas de ligantes de PSr e PE, respetivamente. No estudo anterior, foi utilizado o aglutinante convencional que continha o aglutinante primário e secundário. Por este motivo, a temperatura de processamento utilizada foi muito elevada, uma vez que o ligante polimérico utilizado tinha um ponto de fusão mais elevado para fundir o ligante.

Por esta razão, este facto inspirou os investigadores a produzir andaimes de HAp utilizando um sistema aglutinante único natural de estearina de palma em vez de utilizar materiais sintéticos, o que pode reduzir o consumo de energia, especialmente a temperatura de processamento. Além disso, a estearina de palma é um candidato adequado devido às suas propriedades que exibem baixa viscosidade, baixo peso molecular para evitar tensões residuais e distorção, baixo ponto de fusão e, ao mesmo tempo, é amiga do ambiente (Subuki I., 2010).

1.3 OBJECTIVOS DA INVESTIGAÇÃO

Os objectivos desta investigação são:

1. Investigar a formulação óptima da mistura pó-aglutinante através do binário de mistura e da análise reológica.
2. Determinar o efeito das temperaturas de mistura para a maior e menor carga de pó obtida e para as propriedades reológicas.
3. Avaliar o efeito da temperatura de sinterização com base nas suas propriedades mecânicas e físicas de peças sinterizadas para aplicações em andaimes.

1.4 ÂMBITO DO ESTUDO

O âmbito desta investigação para a primeira secção centra-se na preparação da matéria-prima através da mistura de pó de HAp comercial com ligante de estearina de palma utilizando o método CIM. O pó de HAp é fabricado pela Berkeley Advanced Biomaterials, Inc. (EUA). A fonte de estearina de palma foi o produto local óleo de palma que é fraccionado para categorias alimentares ou conhecido como gordura vegetal.

A matéria-prima é preparada com diferentes cargas de pó, variando de 62 vol% a 68 vol%, com a razão percentual em peso de estearina de palma (PSr) a 100 vol.%. O sistema de aglutinação consiste numa única base de estearina de palma sem qualquer aglutinante de espinha dorsal, tal como utilizado na CIM convencional. Em seguida, a matéria-prima preparada é observada e analisada através do binário de mistura, de modo a adquirir a homogeneidade e a estabilidade da matéria-prima durante o processo de mistura. O comportamento de fluxo da mistura pó-ligante preparada é avaliado por um teste reológico utilizando um reómetro capilar. O resultado obtido do teste reológico seria utilizado para definir as propriedades de fluidez para a formação de peças verdes durante o processo de moldagem por injeção.

Os parâmetros da moldagem foram uma temperatura entre 65°C e 70°C, com uma pressão de injeção entre 300 kPa e 400 kPa e um tempo que teve de ser optimizado até se conseguir produzir uma boa peça. O processo de desbaste térmico foi efectuado até 550°C para remover o aglutinante das peças verdes, utilizando uma taxa de aquecimento de 0,4°C/min e deixando-as de molho durante 3 horas, utilizando o método de desbaste por mecha. Seguiu-se um processo de sinterização concluído num único ciclo de etapas, utilizando um único forno. O processo de sinterização foi efectuado com três temperaturas diferentes de 900°C, 1000°C e 1100°C.

A taxa de aquecimento utilizada foi de 1°C/min com um tempo de imersão para sinterização de 3 horas e foi finalmente arrefecida a uma taxa de arrefecimento de 5°C/min até ser atingida a temperatura ambiente. Convencionalmente, a remoção dos componentes do aglutinante é efectuada em duas etapas.

Em primeiro lugar, o aglutinante solúvel é removido por extração com solvente e, em seguida, seguido de desbobinagem térmica para remover o aglutinante residual. Na segunda secção, as peças verdes e as amostras de HAp sinterizadas foram caracterizadas utilizando Calorimetria de Varrimento Diferente (DSC), Difração de Raios X (XRD) e Microscopia Eletrónica de Varrimento (SEM). A DSC foi utilizada para definir a transformação de fase, o XRD foi empregue para estudar a fase existente após o processo de sinterização e o SEM foi realizado para analisar as caraterísticas da microestrutura das amostras.

O efeito das temperaturas durante os estágios de desbobinagem térmica também foi investigado para estudar as mudanças físicas e microestruturais antes que as peças continuassem para o processo de sinterização. O espécime de HAp sinterizado foi analisado quanto às propriedades físicas (densidade, retração e porosidade) e mecânicas (dureza e resistência à compressão), a fim de estudar o efeito das temperaturas de sinterização.

1.5 ESQUEMA DA TESE

Esta tese abrange cinco capítulos. Em primeiro lugar, o Capítulo 1 apresenta a introdução sobre os antecedentes do HAp, incluindo a declaração do problema, os objectivos da investigação e o âmbito da investigação. O Capítulo 2 abrange a revisão da literatura relevante, de acordo com os diferentes métodos de processamento, as aplicações e as suas limitações. Os métodos experimentais, incluindo a caraterização e o processamento do pó até às peças finais sinterizadas, são apresentados no Capítulo 3. Entretanto, os resultados experimentais e a discussão, incluindo as propriedades das peças moldadas e sinterizadas, são apresentados no Capítulo 4 e, por último, a conclusão e as recomendações são apresentadas no Capítulo 5.

CAPÍTULO DOIS
REVISÃO DA LITERATURA

2.1 Procura de implantes cerâmicos

O termo "implante" é utilizado para designar um dispositivo que substitui ou actua como uma fração ou a totalidade de uma estrutura biológica. Atualmente, os implantes são utilizados em muitas partes diferentes do corpo para várias aplicações, tais como ortopedia, pacemakers, stents cardiovasculares, desfibrilhadores, próteses neurais e outras (Khan, Muntimadugu, Jaffe & Domb, 2014). O trauma, a degeneração, a doença e a exposição a diferentes tipos de acidentes e as actuais condições de vida inseguras têm contribuído para a elevada procura de implantes. Por esta razão, milhões de pacientes melhoram anualmente a sua qualidade de vida através de procedimentos cirúrgicos que envolvem a implantação de dispositivos médicos.

Além disso, as estimativas actuais mostram que 90% da população com mais de 40 anos sofre de uma doença articular degenerativa. Além disso, no ano 2000, o número total de operações de substituição da anca foi de cerca de 152 000 casos, o que representou um aumento de 33% em relação ao número de operações em 1990 (Khan et al., 2014). Em aplicações médicas, por exemplo, os dispositivos ortopédicos foram utilizados para o tratamento de doenças ou lesões músculo-esqueléticas, que se encontram em pessoas afectadas por osteoartrite ou osteoporose que aumentam substancialmente com a idade (Gheno et al., 2012).

Além disso, é cada vez mais frequente os jovens necessitarem de uma operação deste tipo devido ao seu estilo de vida, incluindo actividades desportivas prejudiciais que conduzem a um desgaste prematuro das articulações. A colocação de estruturas esqueléticas envolve uma aplicação proeminente de dispositivos de implantes ortopédicos, incluindo as articulações, como a anca, o joelho, o ombro, o tornozelo e o cotovelo, que utilizam sobretudo vários tipos de biomateriais.

Os implantes cerâmicos também envolvem a aplicação de implantes na anca e no joelho, ombros cerâmicos, ossos da mandíbula e aplicações em articulações mais pequenas, como no dedo, pulso e cotovelo, que têm sido investigadas por terem melhores propriedades de integração óssea (Aherwar et al., 2015).

Durante mais de uma década, a alumina, a zircónia, a hidroxiapatite e outras cerâmicas provaram com êxito a sua capacidade de resistir ao ambiente agressivo do corpo humano. Relativamente às propriedades superiores exibidas pelo material de implante cerâmico, este possui capacidades extensivas que permitem atributos de bio-compatibilidade com o osso humano e torna-se inerte em reação com o corpo humano, o que proporciona melhores propriedades de desgaste. Por este motivo, também está menos exposto a complicações cirúrgicas do que os implantes metálicos.

Este material cerâmico tem atualmente um enorme potencial de utilização em implantes ortopédicos no mercado. A fiabilidade da cirurgia de implantes desempenha um papel importante, porque oferece um estilo de vida mais saudável com tecnologia moderna. A tecnologia avançada dos implantes cerâmicos conduz a uma cirurgia menos nociva devido ao material cerâmico envolvido em procedimentos mínimos de reconstrução das articulações, tendo-se tornado disponíveis tratamentos mais fiáveis. Este excelente desempenho em termos de desgaste prolonga a vida útil das articulações artificiais, dando às articulações de cerâmica sobre cerâmica uma vida útil prevista de mais de 20 anos.

Respondendo às necessidades de um número crescente de doentes mais jovens para os quais esta cirurgia é agora uma operação viável, estas articulações de cerâmica sobre cerâmica permitem-lhes continuar a ter um estilo de vida ativo. A Figura 2.0 mostra o material de implante cerâmico utilizado em aplicações biomédicas: a) parafuso cerâmico para implante dentário; b) material cerâmico utilizado para implante de joelho; e c) implante cerâmico para implante de raiz.

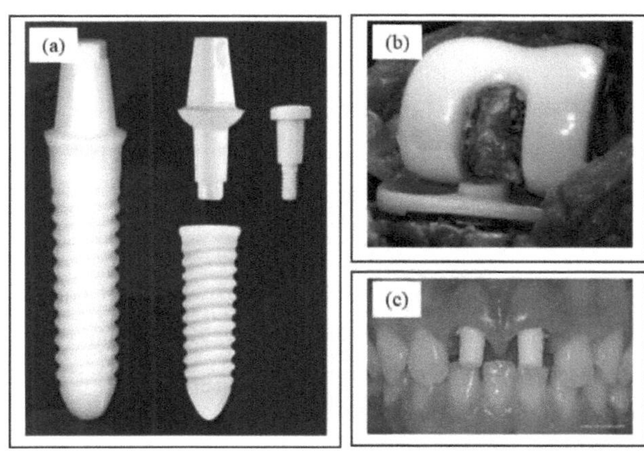

Figura 2.0: (a) Implante de material cerâmico, (b) implante de joelho, (c) implante dentário (www.dental-planet.eu).

2.1.2 Material cerâmico utilizado em implantes

Nesta secção, foram revistos alguns aspectos fundamentais da caraterização de implantes cerâmicos com diferentes métodos de processamento, com base em investigações anteriores. Existem alguns materiais envolvidos nos implantes cerâmicos, como a alumina, a zircónia, a hidroxiapatite e o biovidro, que apresentam vantagens em comparação com os implantes metálicos. Assim, nesta secção, será discutida uma explicação pormenorizada sobre a preparação do andaime de HAp através da via de moldagem por injeção.

2.1.2.1 Biomateriais

Os biomateriais são utilizados para fabricar dispositivos que substituem uma parte ou uma função do corpo de uma forma segura, fiável, económica e fisiologicamente aceitável. Uma variedade de dispositivos e materiais é utilizada no tratamento de doenças ou lesões.

Por definição, os biomateriais são compostos inorgânicos concebidos para substituir uma parte ou uma função do corpo humano de uma forma segura, fiável, económica, fisiológica e esteticamente aceitável (Hench & Ethridge, 1982). A exposição aos fluidos corporais coloca várias restrições rigorosas aos materiais que podem ser utilizados como biomateriais. Em primeiro lugar, um biomaterial deve ser biocompatível, pois não deve provocar uma resposta adversa do corpo e vice-versa (Praveen et al., 2015).

Inicialmente, o requisito para a escolha do biomaterial é a sua aceitabilidade pelo corpo humano. O material implantado não deve causar quaisquer efeitos adversos, tais como alergia, inflamação e toxicidade, quer imediatamente após a cirurgia, quer em condições pós-operatórias.

Em segundo lugar, os biomateriais devem possuir uma resistência mecânica suficiente para suportar as forças a que estão sujeitos, de modo a não sofrerem fracturas e, mais importante ainda, um bioimplante deve ter uma resistência muito elevada à corrosão e ao desgaste no ambiente corporal altamente corrosivo e em condições de carga variáveis, para além da resistência à fadiga e da resistência à fratura (Manivasagam et al., 2010).

A Figura 2.1 apresenta os biomateriais utilizados no corpo humano. Estes implantes encontram diferentes ambientes biológicos de natureza físico-química muito diversa e a sua interação com os tecidos e os ossos é um problema complexo. Além disso, devem ser não tóxicos e não cancerígenos. Estes requisitos eliminam muitos materiais de engenharia que estão disponíveis de forma económica. Os biomateriais utilizados no fabrico de diferentes partes do corpo humano são fabricados a partir de metais, polímeros, cerâmicas e compósitos (Park & Bronzino, 2003).

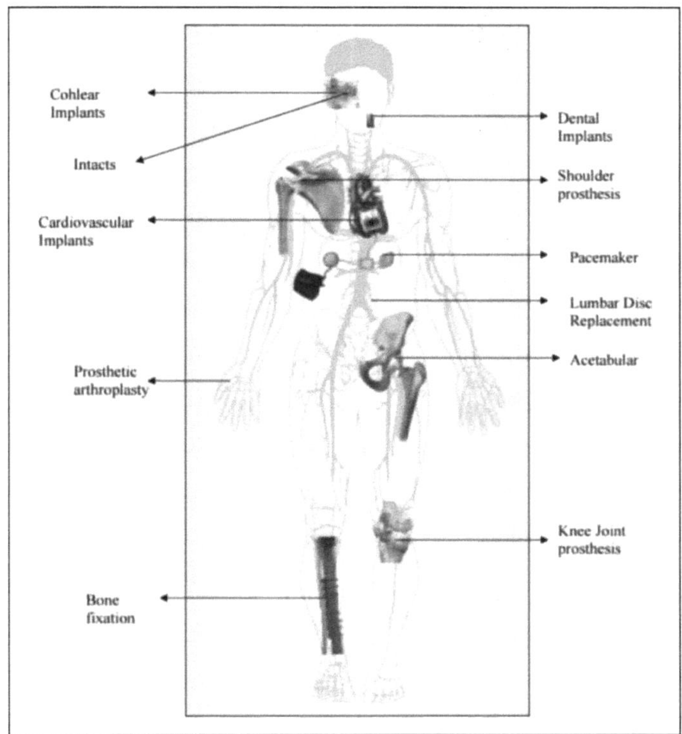

Figura 2.1: Biomateriais para aplicação humana (Manivasagam et al., 2010).

A Tabela 2.1 resume os diferentes tipos de biomateriais, incluindo vantagens, desvantagens e as suas aplicações. Os biomateriais que foram introduzidos para implantação no corpo humano são, na sua maioria, materiais poliméricos, metais, cerâmica e materiais compósitos. Verificou-se que os biomateriais têm capacidades e papéis funcionais para cada tipo de aplicação.

Tabela 2.1:

Diferentes tipos de biomateriais com vantagens, desvantagens e aplicações (Parks & Lakes, 2007)

Biomaterial	Advantages	Disadvantages	Applications
Polymers : Nylon, silicon Rubber, polyester, Teflon	Low density, easy to Fabricate	Not strong, Deforms with time. May degrade	Blood vessels, ear, nose, soft tissues, arteries
Metals: Ti and its alloys Co-Cr alloys, stainless Steels	Strong tough, ductile	May corrode, dense, difficult to make, low compatibility	Joint replacement, bone plates and screws, dental root implant, pacer, and suture
Ceramics: Aluminum Oxide, calcium phosphates, including hydroxyapatite	Very biocompatible, Inert, strong in Compression, corrosion resistance	Difficult to make, Brittle, low impact resistance	Dental part, coating, orthopedic implants, femoral head of hip
Composites: Metals with ceramic coatings, material coated with carbon	High biocompatibility, Strong, inert	Difficult to make, not consistent	Joint implants Heart valves

2.1.2.2 Biocerâmica

As biocerâmicas tornaram-se recentemente um dos mais importantes subconjuntos de biomateriais utilizados em implantes. Desde que se propagou a falha de biomateriais em implantes, como o aço, as ligas de cobalto e o polimetilmetacrilato (PMMA), a preocupação passou a centrar-se mais na utilização de materiais cerâmicos bioactivos que formam uma ligação íntima com o tecido ósseo (Regi, 2000).

As cerâmicas avançadas incluem carbonetos, tais como o carboneto de silício, SiC; óxidos, tais como o óxido de alumínio, Al_2O_3; nitretos, tais como o nitreto de silício, Si_3N_4 e muitos outros materiais, incluindo as cerâmicas de óxidos mistos que conduziram a avanços na medicina e na engenharia (Jones, 2004).

O material cerâmico, incluindo a alumina, a zircónia, a hidroxiapatite (HAp) e a HAp revestida com metais, é largamente utilizado para a reparação e reconstrução de partes doentes ou danificadas do sistema músculo-esquelético (Thamaraiselvi & Rajeswari, 2004). A biocerâmica é definida como engenharia cerâmica utilizada em aplicações médicas, principalmente como implantes e substitutos (Hench, 1998). Em geral, as cerâmicas apresentam elevada biocompatibilidade devido a semelhanças químicas que facilitam a sua ligação direta ao osso, elevada resistência à corrosão, elevada resistência à compressão e baixas condutividades eléctrica e térmica.

Estas propriedades biocompatíveis incluem a microestrutura do implante, a sua composição e caraterísticas de superfície, bem como factores de design que os tornam muito adequados para implantes. De acordo com esta visão moderna, a biocompatibilidade refere-se à capacidade de um material funcionar com uma resposta apropriada do hospedeiro, numa aplicação específica (Heimann, 2002). O desenvolvimento de aplicações de materiais cerâmicos em biomedicina tem-se concentrado principalmente na ortopedia e na medicina dentária.

Isto levou à utilização generalizada de cerâmica em dentisteria de restauração e reparação de defeitos ósseos, incluindo próteses da anca e do joelho (Navarro et al., 2008). Schmidt et al. (2001) definem os materiais ideais para implantes ósseos como tendo uma composição química biocompatível para evitar uma reação adversa dos tecidos, uma excelente resistência à corrosão nos limites fisiológicos, uma força aceitável, uma elevada resistência ao desgaste e um módulo de elasticidade semelhante ao do osso para minimizar a reabsorção óssea à volta do implante.

Por exemplo, os materiais utilizados no fabrico de implantes dentários podem ser classificados de acordo com a sua composição química ou com as respostas biológicas que provocam quando implantados. Geralmente, dependendo do tipo de resposta no corpo, as biocerâmicas podem ser classificadas em termos gerais pelas suas caraterísticas de superfície macroscópica (lisa, totalmente densa, rugosa ou porosa) ou pela sua estabilidade química (inerte, reactiva à superfície ou reactiva em massa/bioreabsorvível).

A Tabela 2.2 representa os tipos de biocerâmica e a sua aplicação no comportamento biológico. As cerâmicas bio-inertes referem-se a materiais que mantêm a sua estrutura no corpo após a implantação e em que não ocorrem reacções químicas entre o implante e o tecido, enquanto as cerâmicas bioactivas formam ligações químicas diretas com o osso ou mesmo com o tecido mole de um organismo vivo e as cerâmicas bio-reabsorvíveis participam ativamente nos processos metabólicos de um organismo com resultados previsíveis (Dubok, 2000).

Tabela 2.2:

Exemplos de biocerâmicas e suas aplicações relacionadas com respostas biológicas (Heimann,2002)

Ceramic	Chemical Formula	Application	Biological behaviour
Alumina	Al_2O_3	Femoral balls, inserts of acetabular cups	bioinert
Zirconia	ZrO_2	Femoral balls	bioinert
Hydroxyapatite	$Ca_{10}(PO_4)_6(OH)_2$	Bone cavity fillings, coatings, ear implants, vertebrae replacement	bioactive
Tricalcium phosphate	$Ca_3(PO_4)_2$	Bone replacement	bioresorbable
Bioglass	$Na_2OCaOP_2O_3\text{-}SiO$	Bone replacement	bioactive

Os cientistas e os profissionais da área dos materiais efectuaram muitos estudos e investigações que revelam que o material cerâmico é o melhor candidato para implantes médicos. Em muitas aplicações de substituição óssea, foi descoberto o potencial soberbo da hidroxiapatite (HAp) (Orlovskii et al., 2002) para proporcionar atributos osteocondutores únicos, que incluem uma ligação estreita ao osso natural e constituem um processo crucial para a estabilidade em direção à bioresorção no organismo humano. Por conseguinte, a microestrutura do material cerâmico, a qualidade do material e as técnicas de processamento, bem como as suas propriedades e as vias de processamento utilizadas, estão fortemente inter-relacionadas.

Basicamente, existem alguns factores que influenciam a escolha da cerâmica a ser utilizada para implantes médicos: (i) propriedades físicas e mecânicas, (ii) degradação do material no corpo, e (iii) biocompatibilidade (Manivasingam et al., 2010). A Tabela 2.3 explica os exemplos de tipos de biocerâmicas e tipos de aplicações de implantes.

Tabela 2.3:

Tipos de biocerâmicas e respetiva classificação da fixação de tecidos (Ratner et al., 2013)

Type of bioceramic	Types of attachment	Examples
1	Dense, nonporous nearly inert ceramics attach by the bone growth into surface irregularities, by cementing the device into the tissue, or by press fitting into the defect	Al_2O_3 (single crystal and polycrystal).
2	Porous inert implants, bone in growth occurs, which mechanically attaches the bone to the material	Al_2O_3 (porous crystalline), hydroxyapatite coated porous metals.
3	Dense, non-porous surface reactive ceramic, glasses and glass ceramic attach directly by chemical bonding with the bone	Bioactive glasses, bioactive glass ceramics, hydroxyapatite
4	Dense, nonporous or porous resorbable ceramic are designed to be slowly replaced by bone	Calcium sulfate (platter of paris), tricalcium phosphate, calcium phosphate salts.

A compreensão do melhor conceito de conceção de cerâmica levou os investigadores de materiais a alargar a nova oportunidade de utilizar os benefícios da cerâmica para implantes médicos. A Tabela 2.4 destaca as propriedades mecânicas das biocerâmicas de acordo com as propriedades do osso humano. São discutidas as propriedades mecânicas do módulo de Young, da resistência à compressão, da densidade e da resistência à fratura.

Tabela 2.4:
Propriedades mecânicas das biocerâmicas (Heimann, 2002; Hin, 2004).

	Young's Modulus (GPa)	Compressive Strength (MPa)	Tensile Strength(MPa)	Density (g/cm^3)	Fracture toughness (MNm$^{3/2}$)
Ceramics	380-420	4000-5000	350	3.98	4-6
Alumina					
Zircornia	150 – 210	2000	650	6.05 – 6.09	7 – 9
Silicon Nitride	304	3700	700-1000	3.3	3.7-5.5
Hydroxyapatite	7-13	350-450	38-48	-	3.05-3.15
Human tissue					
Cortical bone	3.8-11.7	88-164	82-114	1.7-2.0	2-12
Trabecular bone	0.2-0.5	23	10-20	-	-

2.1.3 Vantagens dos implantes cerâmicos em relação aos implantes metálicos

As cerâmicas têm um grande potencial no domínio biomédico graças à sua compatibilidade com o ambiente fisiológico, força e resistência ao desgaste. As cerâmicas são também muito atractivas para aplicações dentárias, devido à sua inércia química e estética.

Além disso, as propriedades exigidas do material devem ser tão inertes quanto possível, de modo a reduzir a corrosão e a libertação de iões e partículas após a implantação (Navarro et al., 2008). Por exemplo, os implantes dentários de cerâmica, especificamente conhecidos como implantes dentários de zircónio ou zircónia, são uma das formas mais recentes de implantes dentários. São da cor do dente, compatíveis com os tecidos orais e feitos do material mais duro a seguir ao diamante (Patil, 2015).

Ocasionalmente, têm sido utilizados vários metais e ligas metálicas envolvendo ouro, aço inoxidável e crómio-cobalto. No entanto, as reacções adversas dos tecidos e uma baixa taxa de sucesso prejudicaram a sua aplicação clínica a longo prazo e a existência de materiais mais recentes com propriedades adequadas desenvolveu-se rapidamente na indústria oral (Osman & Swain, 2015). No entanto, a maioria dos metais e ligas biomédicas, como o Ti6Al4 V, satisfazem os requisitos biomecânicos dos implantes ortopédicos. No entanto, tem levado a uma fraca ligação interfacial entre o osso existente e as superfícies metálicas (Campbell, 2003; Oshida et al., 2010). A Tabela 2.5 destaca as propriedades cerâmicas e as vantagens dos implantes cerâmicos na aplicação dentária.

Tabela 2.5:
Propriedades da cerâmica e vantagens do implante cerâmico na aplicação dentária (Patil, 2015)

Ceramic Properties	Advantages of Ceramic Implants
Good chemical and dimensional stability	Excellent aesthetics as metal free
Not affected by magnetic fields	Natural white colour
Mechanical strength and toughness similar to stainless steel alloys	Biocompatible
No cytotoxic effects on cells	Preservation of bone
Poor chemical and electric conductor	Better gingival health
Low porosity	Neutral
High density	First choice in patients with titanium allergy
High compressive strength	

Além disso, tem sido referido que a sensibilidade aos implantes de titânio pode incentivar reacções tóxicas ou alérgicas a componentes metálicos que também são utilizados na cirurgia ortopédica. Nas histórias de casos, são descritos eczemas localizados ou generalizados, urticária, inchaço persistente e casos de afrouxamento assético de implantes como exemplos de reacções alérgicas a implantes metálicos (Harloff et al., 2010).

Também se verificou que a corrosão era particularmente observada quando os implantes dentários, bem como os materiais de restauração dentro da boca, interagiam continuamente com fluidos fisiológicos na boca humana.Os tipos mais comuns de corrosão encontrados em materiais metálicos utilizados em aplicações de implantes são a corrosão galvânica, por atrito e por pitting/crevice, bem como a fissuração induzida pelo ambiente (Agarwal et al., 2014). Funcionam num dos ambientes mais inóspitos, especialmente expostos a uma variedade de alimentos no corpo humano. Podem ocorrer reacções alérgicas devido à presença de iões produzidos pela corrosão dos implantes (Chaturvedi, 2013).

Além disso, a fratura por fadiga e o desgaste foram identificados como alguns dos principais problemas associados ao afrouxamento do implante, à proteção contra o stress e à falha final do implante. Embora o desgaste seja frequentemente referido em aplicações ortopédicas, como as próteses das articulações do joelho e da anca, é também uma experiência grave e frequentemente fatal nas válvulas cardíacas mecânicas (Teoh, 2000). Vários relatórios indicam que os mecanismos relacionados com a fadiga são responsáveis pela maior parte das falhas mecânicas dos componentes médicos metálicos implantáveis (Niinomi, 2007; Vadiraj et al., 2007; Fleck et al., 2010; Giori, 2010).

A necessidade de materiais alternativos inovadores em ortopedia surge do reconhecimento do efeito de proteção contra o stress do osso devido aos implantes de alto módulo atualmente feitos de ligas metálicas. Os materiais convencionais, como o aço inoxidável, as ligas de titânio e as ligas de cobalto-crómio, estão a ser substituídos por materiais cerâmicos, uma vez que possuem propriedades biomecânicas superiores, como melhor resistência à fadiga, resistência química, estabilidade ambiental e biocompatibilidade.

Foi feita uma abordagem para atenuar este problema, a fim de melhorar a fixação e os fenómenos biológicos, uma vez que foram realizados muitos estudos sobre a bio-cerâmica de fosfato de cálcio (CaP) como interface bioactiva do implante metálico (Socol et al., 2004; Choi et al., 2000; Rabiei et al., 2006). Este aparecimento de CaP tornou-se uma solução recente para os investigadores com o objetivo de melhorar as propriedades biológicas dos implantes (Zhang et al., 2013). Em geral, os materiais de CaP, como a HAp, têm uma excelente biocompatibilidade e revestimentos promissores, acabando por melhorar a longevidade dos implantes. Como descrito anteriormente, a bio-cerâmica HAp melhora significativamente a qualidade da interface do implante, especialmente em implantes metálicos.

2.1.4 Hidroxiapatite (HAp)

A hidroxiapatite, HAp, pertence ao ortofosfato de cálcio (abreviado como $CaPO4$) contendo água com uma composição química de $Ca_{10}(PO4)_6(OH)_2$ (Byrappa & Ohachi, 2003). Este material único tem sido amplamente utilizado como material de substituição óssea devido à elevada procura de implantes biocerâmicos para substituir e reparar componentes de tecidos humanos. A composição e a estrutura da hidroxiapatite assemelham-se muito à fase mineral do osso e dos dentes humanos (Prokopiev & Sevostianov, 2006).

Além disso, a HAp é o principal componente mineral (69% em peso) dos tecidos duros humanos. Pode ser natural ou sintética e possui uma excelente biocompatibilidade com ossos, dentes, pele e músculos, tanto in-vitro como in-vivo (Costan et al., 2011). A HAp também facilita o crescimento ósseo, é biocompatível, endurece no local e tem um rácio Ca/P entre 1,50 e 1,67 para promover a regeneração óssea. Resumidamente, por definição, todos os fosfatos de cálcio conhecidos são constituídos por três elementos químicos principais: cálcio (estado de oxidação +2), fósforo (estado de oxidação +5) e oxigénio (estado de redução -2), como parte dos aniões fosfato.

Além disso, a composição química de muitos fosfatos de cálcio inclui hidrogénio, como um anião ortofosfato ácido (por exemplo, $HPO4^{2-}$ ou $H2PO^{4-}$), hidróxido [por exemplo, $Ca_{10}(PO4)_6(OH)_2$] e/ou água incorporada (por exemplo, $CaHPO4.2H2O$). Geralmente, existem alguns nomes relacionados com o fosfato de cálcio que incluem orto- ($PO4^{3-}$), meta- ($PO3^{-1}$), piro- ($P2O7^{4-}$) e poli- ($(POs)n^{n-}$) fosfatos (Dorozhkin, 2016). Em geral, o arranjo atómico de todos os CaPO4 é construído em torno de uma rede de grupos ortofosfato (PO4) que estabilizam toda a estrutura.

Existe uma variedade de tipos da família dos ortofosfatos de cálcio de acordo com o seu rácio molar Ca/P, que se situa no intervalo de 0,5 a 2,0 (Dorozhkin, 2011). Para além disso, todos os CaPO4 quimicamente puros são cristais transparentes incolores de dureza moderada, mas como pós, são de cor branca.

Por conseguinte, a maior parte do CaPO4 é pouco solúvel em água, como apresentado na Tabela 2.6; no entanto, todos eles são facilmente solúveis em ácidos, mas insolúveis em soluções alcalinas. A Tabela 2.6 destaca a família dos ortofosfatos de cálcio existentes, a sua fórmula química e a sua razão molar Ca/P.

Tabela 2.6:

Família de ortofosfatos de cálcio existente (Dorozhkin 2011, 2012b)

Compound	Abbreviation	Chemical Formula	Ca/P Molar ratio
Monocalcium phosphate monohydrate	MCPM	$Ca(H_2PO_4)_2.H_2O$	0.5
Monocalcium phosphate anhydrous	MCPA or MCP	$Ca(H_2PO_4)_2$	0.5
Dicalcium phosphate dihydrate	DCPD	$CaHPO_4.2H_2O$	1.0
Dicalcium phosphate anhydrous	DCPA or DCP	$CaHPO_4$	1.0
Octacalcium phosphate	OCP	$Ca_8(HPO_4)_2(PO_4)_4.5H_2O$	1.33
α-Tricalcium phosphate	α-TCP	$\alpha\text{-}Ca_3(PO_4)_2$	1.5
β-Tricalcium phosphate	β-TCP	$\beta\text{-}Ca_3(PO_4)_2$	1.5
Amorphous calcium phosphates	ACP	$Ca_xH_y(PO_4)_z.nH_2O.$ $n = 3\text{–}4.5; 15\text{–}20\ \%\ H_2O$	1.2-1.22
Calcium-deficient hydroxyapatite	CDHA	$Ca_{10-x}(HPO_4)_x(PO_4)_{6-x}$ $(OH)_{2-x}\ (0<x<1)$	1.5-1.67
Hydroxyapatite	HA, HAp or OHAp	$Ca_{10}(PO_4)_6(OH)_2$	1.67
Fluorapatite	FA or FAp	$Ca_{10}(PO_4)_6F_2$	1.67
Oxyapatite	OA, OAp or OXA	$Ca_{10}(PO_4)_6O$	1.67
Tetracalcium phosphate	TTCP or TetCP	$Ca_4(PO_4)_2O$	2.0

A hidroxiapatite, em particular a hidroxiapatite de cálcio, tem uma estrutura cristalográfica e uma composição definidas, baseadas numa célula unitária repetitiva. A Figura 2.2 mostra a estrutura cristalina da hidroxiapatite, Ca_{10} $(PO_4)_6(OH)_2$, que pertence ao sistema hexagonal, grupo espacial *P6s/m* e parâmetros de rede $a = 9,423$ A e $c = 6,875$ A. A célula unitária da hidroxiapatite consiste num *eixo c* de seis dobras perpendicular a três eixos *a* equivalentes *(a1, A2,A3)* com ângulos de 120°C entre si (Tredwin, 2009).

Para além dos iões principais Ca^{2+}, PO_4^{3-} e OH^- , a composição das apatitas biológicas inclui sempre CO_3^{2-} a ~4,5%, e também uma série de iões minoritários, geralmente incluindo Mg^{2+} , Na^+ , K^+ , Cl^- e F^- (Regi & Navarrete, 2015). A Figura 2.2 mostra a estrutura cristalina da hidroxiapatita hexagonal. O átomo de cálcio está fortemente ligado ao átomo de fósforo e aos átomos de oxigénio.

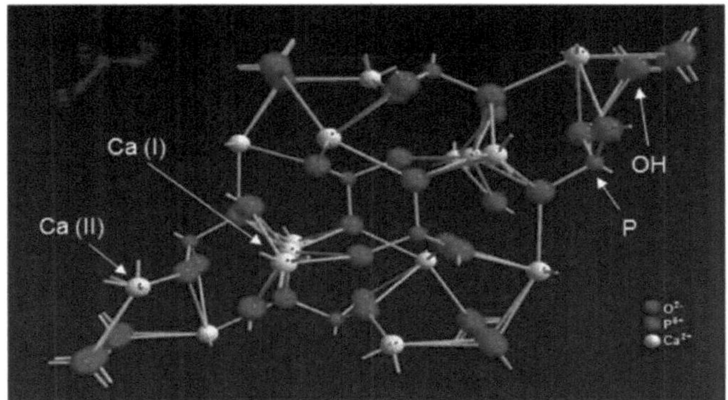

Figura 2.2: Estrutura cristalina da hidroxiapatite hexagonal (Munoz, 2011)

A HAp estequiométrica é biocompatível, osteocondutora, não tóxica, não inflamatória, um agente não imunogénico e bioativo (possui a capacidade de formar uma ligação química direta com tecidos vivos) (Currey, 2001). Além disso, a HAp compreende a razão molar de Ca/P de 1,5 a 2,0 e é normalmente utilizada em revestimentos biocerâmicos, especialmente em aplicações ortopédicas. No entanto, a razão Ca/P ideal para a fase pura e monofásica estequiométrica da HAp é de 1,667 (Byrappa &Yoshimura, 2013).

Além disso, a hidroxiapatite é frequentemente aplicada como revestimento em implantes metálicos, especialmente em aços inoxidáveis e ligas de titânio, para melhorar as propriedades da superfície. A hidroxiapatite pode ser aplicada em formas como pós, blocos porosos e compósitos híbridos para preencher defeitos ou vazios ósseos. Estes podem surgir quando grandes secções de osso têm de ser removidas ou quando são necessários aumentos ósseos (por exemplo, reconstruções maxilofaciais ou aplicações dentárias) (Costan et al., 2011).

As propriedades físicas gerais do HAp foram tabuladas na Tabela 2.7. As propriedades apresentadas são a densidade, o parâmetro de célula, o sistema cristalino, a classe cristalina, o grupo espacial e o ponto de fusão.

Tabela 2.7:
Propriedades físicas da HAp (Byrappa e Yoshimura, 2013)

Physical Properties	Values
Density	3.153 g/cm^3
Cell Parameter	$a=9.424 \quad c=6.879$
Crystal System	Hexagonal
Crystal Class	$6/m$
Space Group	$P6_3/m$
Melting point	1614 °C

2.2 Processamento de implantes cerâmicos

Em geral, são utilizados três tipos de tecnologias de processamento: (1) utilização de um lubrificante e de um aglutinante líquido com pós cerâmicos para moldagem e subsequente cozedura; (2) aplicação de propriedades de auto-ajuste e auto-endurecimento de pós moldados húmidos (cimentação); (3) fusão de materiais para formar um líquido e moldagem durante o arrefecimento e solidificação. Uma vez que os ortofosfatos de cálcio são termicamente instáveis ou têm um ponto de fusão a temperaturas superiores a ~1400°C (a-TCP, P-TCP, HAp, FA, TTCP), apenas a primeira e a segunda abordagens de consolidação são utilizadas para preparar biocerâmicas e suportes a granel (Dorozhkin, 2010).

Foram tentados vários métodos de metalurgia do pó para fabricar compostos de fosfato de cálcio, incluindo compactação uniaxial (Lorenzo et al., 2001; Nazarpak et al., 2009), prensagem isostática (a frio ou a quente) (Onoki et al., 2006; Tadic et al., 2004; Pecqueux et al, 2010), granulação (Viana et al., 2009), embalagem solta (Reikeras et al., 2006), fundição por deslizamento (Sakka et al., 2007; Zhang et al., 2010), fundição em gel (Woesz et al., 2005; Li et al., 2008; Salcedo et al., 2008; Chen et al., 2008; Marcassoli et al., 2010), moldagem por pressão (Fomin et al., 2008).

Em seguida, a moldagem por injeção (Abu Bakar et al., 2003; Ali et al., 2015; Wang et al., 2015; Ramli et al., 2014), a replicação de polímeros (Fooki et al., 2009; Sopyan & Kaur, 2009; Bellucci et al., 2010); a extrusão (Yang et al., 2008; Thompson et al., 2008), a imersão em lama e a pulverização (Muthutantri et al., 2008).

Além disso, a imersão em lama inclui a formação de placas cerâmicas a partir da fundição em fita de lama (Tanimoto et al., 2009; Tian et al., 2007). O material cerâmico pode ser fabricado através de uma variedade de métodos, incluindo a rota da metalurgia do pó, alguns dos quais têm origem nos primórdios da civilização (Rahaman, 2003). As peças de MP podem ser produzidas em massa com uma forma líquida ou quase líquida, eliminando ou reduzindo a necessidade de maquinagem subsequente.

Ao utilizar o processo PM, há muito pouco, uma vez que cerca de 97% do pó inicial é convertido em produto. As peças PM desejadas podem ser fabricadas com um nível de porosidade específico para produzir peças metálicas porosas. Apesar de a produção de pó para metalurgia ser muito elevada e bastante dispendiosa, as ferramentas e o equipamento necessários para a metalurgia do pó são muito caros; por conseguinte, torna-se o principal problema com um baixo volume de produção.

No entanto, nos últimos anos, a técnica de moldagem por injeção de cerâmica tem sido aplicada como uma alternativa ao processo de moldagem (Zlatkov et al., 2008). Atualmente, o crescimento constante de produtos cerâmicos subsequentes tornou-se um campo interessante para investigadores de todo o mundo. Este perfil extraordinário dos materiais cerâmicos tem mostrado uma tendência viável devido à sua aplicação em condições extremas, por exemplo, altas temperaturas, atmosferas corrosivas, condições abrasivas ou cargas elevadas a altas temperaturas.

Existem vários processos que foram introduzidos no processamento de cerâmica, incluindo a moldagem por injeção. As vantagens e desvantagens do processo de metalurgia do pó (PM) estão resumidas na Tabela 2.8.

Tabela 2.8:
Caraterísticas gerais do método de processamento de cerâmica (Kalpakjian & Schmid, 2008).

	Advantages	Limitation
Slip casting	Large parts; complex shapes; low equipment cost.	Low production rate; limited dimensional accuracy.
Extrusion	Hollow shapes and small diameters; high production rate.	Parts have a constant cross-section, limited thickness.
Dry pressing	Close tolerances; high production rate with automation.	Density variation in parts with high length-to-diameter ratios; dies require high abrasive-wear resistance; equipment can be costly
Wet pressing	Complex shapes; high production rate.	Limited, part size and dimensional accuracy; tooling costs can be high, lower compaction
Hot pressing	Strong, high-density parts.	Protective atmospheres required; die life can be short.
Isostatic pressing	Uniform density distribution. High production rate with automation; low tooling cost.	Equipment can be costly. Limited to axisymmetric parts; limited dimensional accuracy
Jiggering		
Injection moulding	Complex shapes; high production rate. Close tolerance	Tooling costs can be high. Expensive debinding, and high die wear

A Figura 2.3 mostra a ilustração esquemática da tecnologia de moldagem de cerâmica com aplicações divergentes, indicando o número de processamentos devido à complexidade da forma do componente. Por outro lado, em comparação com as outras, revela que a moldagem por injeção de cerâmica é a técnica de moldagem mais eficiente que permite uma tolerância apertada e a produção em grande escala de formas complexas com uma impressionante redução de tempo e de custos (Suri et al., 2003; Maetzig et al., 2002). A principal vantagem da CIM é que permite que o fabrico se torne comercialmente viável para projectos que anteriormente poderiam ser demasiado difíceis ou dispendiosos de fabricar.

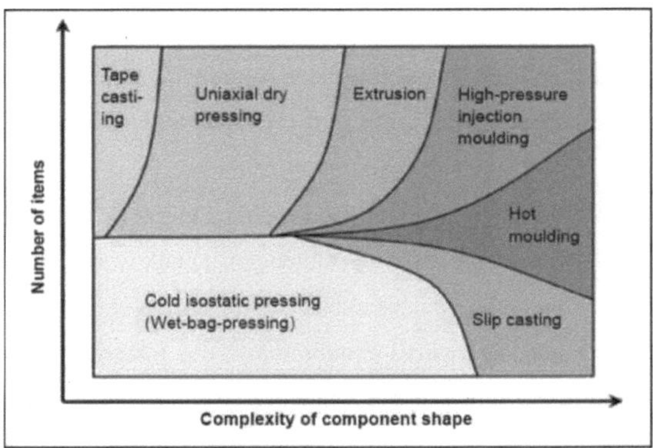

Figura 2.3: Fabrico de tecnologia de moldagem de cerâmica independente do tamanho do lote e da complexidade da forma (Lenk, 2002)

2.3 Método de moldagem por injeção de cerâmica (CIM)

A moldagem por injeção de cerâmica (CIM) é uma revolução avançada na tecnologia de fabrico de materiais cerâmicos. Este processo pode ser utilizado para fabricar formas complexas e componentes em forma de rede com uma geometria precisa. De forma única, a moldagem por injeção de cerâmica (CIM) é uma combinação de moldagem por injeção de plástico, que tem a caraterística de flexibilidade de design, com metalurgia do pó; a combinação proporciona a possibilidade de juntar várias peças numa única peça (Piotter et al., 2015; Hausnerova, 2011).

O processo de moldagem por injeção de cerâmica consiste em quatro etapas básicas: preparação da matéria-prima, moldagem por injeção, processo de desbaste e sinterização (Tay et al., 2009).

Neste processo, uma elevada concentração de pó é intensamente misturada com um aglutinante para formar uma matéria-prima de viscosidade moderada. Em seguida, a matéria-prima é moldada por injeção na forma desejada, utilizando máquinas de moldagem por injeção. A fase de moldagem envolve o aquecimento e a pressurização da matéria-prima e requer uma atenção cuidadosa. Na fase seguinte, após a moldagem por injeção, o aglutinante é extraído do componente, que é aquecido à temperatura de desbaste térmico e sinterização para atingir uma elevada densidade do produto final.

Assim, o processo proporciona fortes ligações interpartículas entre as partículas de pó e remove o espaço vazio, o que significa densificação (Omar et al., 2010; Liu et al., 2002). O processo é aplicável a uma vasta gama de materiais estabelecidos e emergentes, e pode atingir propriedades finais competitivas. A Figura 2.4 ilustra a fase de processamento no processo de moldagem por injeção. Há quatro fases que envolvem, em primeiro lugar, a preparação da matéria-prima, a moldagem por injeção, o desbaste e, finalmente, o processo de sinterização.

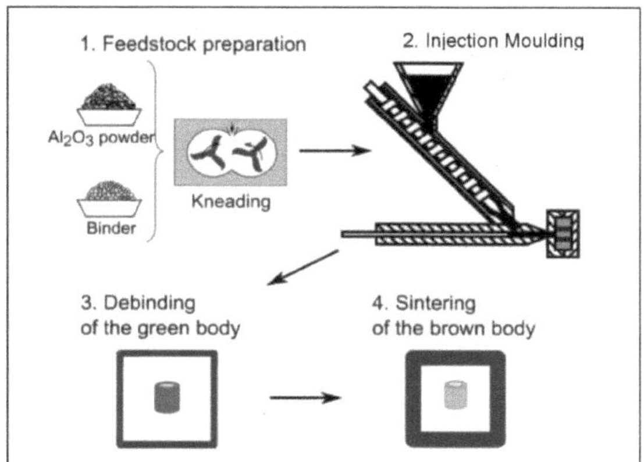

Figura 2.4: Fases de processamento envolvidas na CIM (Karacsony et al., 2015).

Como todas as outras vias de processamento tecnológico de pós, a escolha do pó cerâmico desempenha um papel dominante na moldagem por injeção de cerâmica. Parâmetros como a área de superfície específica, o tamanho das partículas, a distribuição do tamanho, a forma das partículas e a pureza do pó influenciam as propriedades da massa de moldagem por injeção, ou seja, da chamada matéria-prima.

Por conseguinte, o comportamento de sinterização afecta as propriedades finais do componente cerâmico. Além disso, tal como a via tradicional de processamento de pó compacto e fundição por deslizamento, resulta em limites dimensionais e de produtividade que não conseguem ultrapassar os problemas de defeitos e limites de tolerância em comparação com a técnica de processamento de moldagem por injeção de cerâmica (CIM).

2.3.1 Atributos do pó

É importante compreender os requisitos de cada fase da CIM, especialmente as propriedades do pó que é utilizado para obter uma moldagem por injeção bem sucedida e a qualidade do produto. Normalmente, as caraterísticas mais vitais, como a dimensão das partículas, a composição química, a forma das partículas e o comportamento de empacotamento, desempenham um papel importante na produção da matéria-prima que deve ser definida com exatidão. O comportamento de empacotamento dos materiais particulados depende em grande parte do tamanho, da forma e das caraterísticas da superfície das partículas (Gutierrez et al., 2012). Os atributos ideais do pó cerâmico podem levar ao comportamento de sinterização e às propriedades finais do componente cerâmico.

Ao adaptar o pó cerâmico, uma granulometria fina é benéfica e permite a retenção da forma durante as etapas de desbaste e a facilidade de sinterização. As partículas cerâmicas podem ser moldadas ou equiaxiais, ou podem ter a forma de fibras ou plaquetas (Mutsuddy & Ford, 1995). Além disso, uma partícula de forma esférica resulta em densidades de empacotamento mais elevadas, menor viscosidade das misturas de pós e ligantes, apresenta boa moldabilidade e melhora o fluxo durante a moldagem por injeção.

Assim, uma distribuição estreita ou larga do tamanho das partículas será mais fácil de moldar e uma densidade de empacotamento superior a ~60% é frequentemente adequada para a maioria das moldagens por injeção de cerâmica (Rahaman, 2003). As dimensões típicas das partículas na CIM são de 1-2 µm, mas estão a ser utilizadas partículas muito mais finas até à região submicrónica ou nano na CIM avançada (Stanimirovic & Stanimirovic, 2012; Mannschatz et al, 2009). Pesquisas anteriores de HAp sintetizam clamshell como relatado por (Ali, 2015) usou o pó HAp na faixa de 1,5 pm. Além disso, para o compósito de HAp com Ti6Al4V, conforme relatado por Arifin et al., (2015), o pó de HAp utilizado foi de 5 pm.

2.3.2 Atributos da pasta

De um modo geral, existem poucas investigações que trabalham no desenvolvimento de materiais cerâmicos com os atributos de ligante, o que constitui uma grande preocupação. Os veículos ligantes utilizados para o PIM são normalmente concebidos como sistemas multicomponentes. Um ligante desempenha um papel transitório no percurso global de fabrico e a seleção do ligante torna-se uma consideração vital para o êxito do processo de moldagem por injeção.

Um bom aglutinante tem de ter propriedades reológicas desejáveis para que o pó possa ser moldado na forma pretendida, com caraterísticas químicas e de descolagem desejadas, bem como ser ambientalmente seguro e de baixo custo (Rahaman, 2003). O aglutinante deve fornecer as caraterísticas fluidas necessárias, tais como baixa viscosidade, para permitir o processo de mistura e deve ser constituído por um material de baixo peso molecular, minimizando assim o efeito de orientação durante a moldagem por injeção.

Subsequentemente, este aglutinante deve também proporcionar rigidez para manter a sua forma sem qualquer perturbação do empacotamento das partículas e deve ser completamente removido durante o processo de debinding térmico. Foram desenvolvidos muitos sistemas de aglutinantes para proporcionar uma boa fluidez da matéria-prima, tendo em conta a redução de custos e o encurtamento do tempo total de debinding (Omar et al., 2011).

2.3.3 Sistema de encadernação

Na prática, o sistema aglutinante inclui uma mistura de, pelo menos, três componentes: um aglutinante principal, um aglutinante secundário e um auxiliar de processamento. Geralmente, o ligante principal domina as propriedades reológicas dos materiais de alimentação durante a moldagem por injeção, a fim de obter um corpo isento de defeitos e de conseguir a resistência do corpo verde e o comportamento de desbaste.

O ligante menor é tipicamente utilizado para transformar as propriedades de fluxo dos materiais de alimentação para obter um bom enchimento do molde (Rahaman, 2003). Também participa como espinha dorsal e como suporte de partículas na amostra moldada contra a tensão resultante da remoção do primeiro componente do ligante (Subuki, 2010).

Um dos principais componentes é designado por espinha dorsal, que é um polímero termoplástico que suporta e mantém a forma da peça moldada até às últimas fases de desbaste (Vielma et al., 2008). Na prática da CIM, são utilizadas várias combinações de sistemas de aglutinantes, tais como aglutinantes à base de cera (por exemplo, parafina, carnaúba, microcristalina, cera de abelha) (Soykan et al., 2005; Zorzi et al., 2002; Stanimirovic et al., 2012), aglutinantes de copolímeros (por exemplo, EVA, EBA, EAA) (Trunec & Cihlar, 2002; Angyal et al., 2016).

Em seguida, os polímeros termoplásticos (por exemplo, PE, PP, PS, PA, PEG, PMMA) (Onbattuvelli et al., 2013; Hausnerova et al., 2014; Matula et al., 2015), ligantes de biopolímeros (por exemplo, estearina de palma) (Ramli et al, 2012; Foudzi et al., 2013; Amin et al., 2014; Mustafa et al., 2017), e ligantes à base de água (por exemplo, PEG, Agar) (Yang et al., 2002; Krauss et al. 2005; Santacruz, 2003; Hausnerova et al., 2014).

A Tabela 2.9 apresenta o trabalho anterior efectuado pelo PIM que inclui hidroxiapatite comercial (HAp) com múltiplas combinações de ligantes.

Todas as conclusões foram tabuladas e discutidas para mostrar o significado da investigação anterior.

Tabela 2.9:

O trabalho anterior efectuado pela PIM que incluía hidroxiapatite comercial e HAp compósito (Ali et al., 2015)

Author	Powder	HAp (wt%)	Parameter	Findings
Cihlar and Trunec (1996)	Commercial HAp Binder: (Thermo plastic and Paraffin wax)		PL: 60-68 vol% IT: 200°C IP: 30MPA ST: 1100-1500°C	a) Maximum relative density (98 7%) and shrinkage (16%) of HAp at sintering temperature 1250°C b) Maximum flexural strength (60MPa) of HAP at sintering temperature 1200°C c) Strength of sinter sample decreased as sintering temperature is above 1200°C d) Single phase of HAp is observed at the sintering temperature of 1100°C and 1200°C e) TCP phase was observed at 1300°C and above
Thian et al (2002)	Ti-6Al-4V/HAp composite		Mt: 90min PI.: 55-65 vol%	a) The feedstock with 60 vol% shows suitable powder loading for injection moulding process
Ramli et al (2012)	SS316L/HAp composite Binder: Palm stearin (PS) / Polyethylene (PE)	50wt%	PS: 60wt% PE: 40wt% PL: 58 vol% RT: 180°C-200°C	a) Feedstock showed pseudoplastic behavior, viscosity lower than 1000Pa.s and shear rate between 10^2 to 10^5 b) Density of green specimen was 99.39%, almost reaches theoretical density (composite powder distributes uniformly)

He et al. (2013)	PA66/HAp composite		An injection moulding foaming method using barium azodicarbxylate as forming agent IT: 175°C IP: 60-80 MPa	a) Composite scaffold shows the pore size ranging from 50-70µm, porosity ranging from 40-87%, compressive strength 31.16 to 1.8MPa and compressive modulus of 1.83 to 0.2 GPa
Li et al. (2014)	Copolymer/HAp composite		Injection moulding foaming using CSD as foaming agent IT: 175°C IP: 60MPa	Composite scaffold shows the pore size ranging from 100 to 600µm,porosity of 81% and compressive strength of 12MPa
Ariffin et al. (2014)	Ti/HAp composite Binder: Palm stearin (PS) / Polyethylene (PE)	50wt%	PS: 60wt% PE:40wt% PL: 69.5 vol% RT:160°C-220°C IT: 175°C IP: 5Bars ST: 1200°C	a) Feedstock exhibits pseudo plastic behaviour, rheology temperature shows the lowest n value and successfully injection moulded b) Thermal debinding was successfully carried out to remove PS/PE binder c) High sintering temperature leads to change phases such TCP and TTCP

PS: Palm Stearin
PE: Polyethylene
IP. Injection pressure
PL: Powder Loading

IT: injection temperature
RT: Rheology temperature
ST: sintering temperature

No caso dos componentes do ligante, Rahaman (2006) estudou que um único ligante não pode fornecer e alcançar todas as caraterísticas desejáveis na prática. No que diz respeito à aplicação de HAp em implantes de materiais, esta foi investigada e utilizada há cerca de duas décadas, proporcionando com êxito uma propriedade única para a moldagem por injeção de cerâmica.

Por outro lado, o método de processamento é a única questão que precisa de ser esclarecida, uma vez que conduz a uma produção de elevado custo. No entanto, o método de produção que envolve um único ligante pode ser uma solução eficaz para baixar as temperaturas de processamento, promovendo assim atributos amigos do ambiente para o fabrico de implantes cerâmicos. Como referido por Nath et al. (2007), afirmaram que os compósitos HAp-alumina que utilizam um ligante HDPE podem ser significativamente melhorados pela adição combinada de cargas cerâmicas bioinertes e bioactivas.

Foi utilizado o aglutinante único de HDPE, uma vez que exigia uma temperatura de processamento elevada. Investigações anteriores relataram muitos tipos de sistemas de aglutinantes, cada aglutinante tem as suas próprias funções e papéis específicos para facilitar o comportamento do fluxo da matéria-prima. Este facto tornou-se uma grande preocupação que inspirou a investigação de um novo sistema de ligantes que permita a utilização de muitos tipos de ligantes como uma única solução.

2.3.3.1 *Estearina de palma (PSr)*

Recentemente, o aglutinante natural de estearina de palma foi introduzido em processos de moldagem por injeção, incluindo MIM e CIM. Muitos estudos foram realizados para enfatizar o potencial da estearina de palma como um aglutinante alternativo com a função de lubrificante e surfactante num sistema aglutinante (Arifin et al., 2014).

A investigação sobre um aglutinante de estearina de palma foi iniciada por Irianny (2002), que apresentou um relatório sobre as propriedades reológicas da matéria-prima que provou que o aglutinante de estearina de palma podia ser misturado com sucesso com pó de aço inoxidável. Além disso, o PSr tem a vantagem de poder ultrapassar os inconvenientes dos contaminantes e dos longos processos de desbaste.

Ultimamente, as melhorias nos sistemas de ligantes tornaram-se de grande interesse entre as comunidades de investigação para desenvolver um novo sistema de ligantes. O estudo foi continuado por Subuki (2010) e Mohd Nor et al. (2011) utilizando o mesmo sistema ligante misturado com aço inoxidável 316L e pó de liga de titânio, respetivamente.

O novo sistema de aglutinante oferecido era isento de impurezas, tinha boas caraterísticas de fluidez, resultava num procedimento de desbobinagem rápido, era económico e amigo do ambiente (German, 2005). O aglutinante de estearina de palma foi visto como um candidato promissor, uma vez que está amplamente disponível a partir de recursos locais. A estearina de palma é um dos produtos do processo de fracionamento do óleo de palma, que é um dos maiores produtos de base do mundo.

Cumpriu os requisitos de um ligante, tais como o comportamento pseudoplástico do teste reológico e a homogeneidade da matéria-prima. Para além disso, a estearina de palma (PSr) é biodegradável, barata e adequada para ser substituída por multicomponentes complexos e por um sistema ligante convencional (Jamaluddin et al., 2015). A Figura 2.5 mostra o fracionamento do óleo de palma para produzir estearina, começando com a refinação até ao fracionamento seco para a opção 1 e a transesterificação para a opção 2.

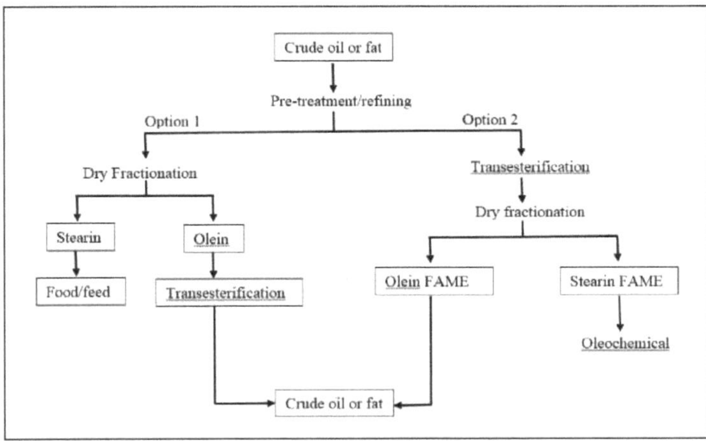

Figura 2.5: Fracionamento do óleo de palma (Bart et al., 2010).

Além disso, a estearina de palma também foi introduzida em combinações de compósitos PIM de cerâmicas e metais. Ramli et al. (2012) referiram que o compósito HA/Ti6Al4V foi misturado com sucesso com sistemas ligantes que incluíam estearina de palma como ligante de base e polietileno (PE).

Em seguida, o estudo continuou com o pó de HAp sintetizado a partir de conchas por Subuki et al. (2015) e Aziz et al. (2015) que usaram 100% de estearina de palma de aglutinante único e também introduzido em Yttria Stabilized Zirconia (YSZ) por Zainuddin et al. (2017).

O aglutinante à base de estearina de palma proporciona retenção da forma e resistência mecânica, possuindo também um baixo peso molecular e um baixo ponto de fusão. Oferece uma elevada fluidez à mistura e degrada a viscosidade à temperatura de processamento.

2.3.4 Preparação da matéria-prima e comportamento reológico

Uma matéria-prima é uma preparação de uma mistura de aglutinante em pó que proporciona um processo vital, uma vez que controla a homogeneidade da mistura e a qualidade do produto final a partir da matéria-prima pré-misturada de forma significativa. Este é um processo crucial, uma vez que uma deficiência na qualidade da matéria-prima não pode ser corrigida por um ajuste subsequente do processamento (Supati et al., 2000).

É importante que a matéria-prima preparada seja homogénea e isenta de quaisquer defeitos, especialmente a separação do pó e do ligante. Em primeiro lugar, a preparação da matéria-prima começa com o processo de mistura que inclui o pó cerâmico e os aglutinantes orgânicos a uma temperatura elevada, que são amassados num misturador a quente para produzir uma consistência homogénea.

O mais utilizado é um moinho de rolos duplo, como um misturador Brabender, que é adequado para o processamento de materiais de alta viscosidade com um volume compacto que pode ser utilizado como misturador (Mutsuddy, 1995), como mostra a Figura 2.6.

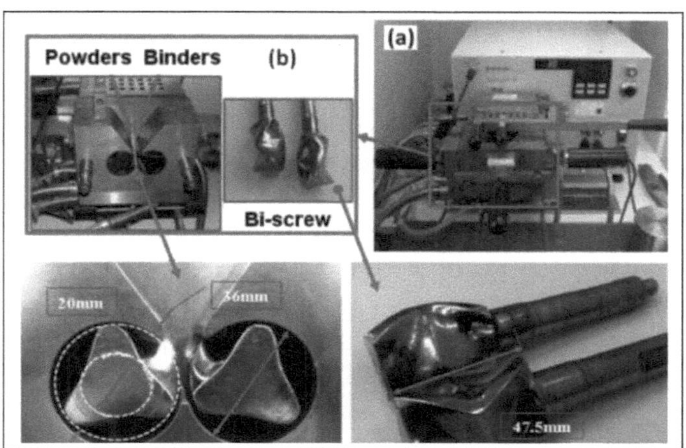

Figura 2.6: Misturador Brabender com lâmina dupla de rolos (Zhang et al., 2013)

Além disso, a mistura não homogénea e a desagregação incompleta dos aglomerados de pó influenciam a viscosidade e causam problemas graves nas fases de moldagem por injeção. A utilização de misturadores de alta tensão de cisalhamento pode servir para remover a aglomeração residual durante a mistura (Rahaman, 2003).

Após as etapas de mistura, a mistura arrefecida é passada através de um moinho de corte, onde é convertida em grânulos (com alguns milímetros de diâmetro) que formam o material de alimentação para moldagem. O teste ideal para determinar a homogeneidade, estabilidade e propriedades constitutivas da matéria-prima é o teste reológico.

A reometria capilar é atualmente reconhecida como a melhor abordagem para prever o comportamento do fluxo de compostos PIM (Hausnerova, 2011). Para uma mistura bem sucedida de compostos de PIM, as propriedades reológicas de um ligante são importantes quando se procura uma formulação de ligante adaptada ou quando se seleciona um aditivo adequado (Karatas et al., 2004), que determina a forma como o material pode ser transportado e introduzido na cavidade da matriz.

Foram realizados vários estudos com testes reológicos utilizando material cerâmico para determinar a viscosidade da matéria-prima (Ramli et al., 2014; Krauss et al., 2005; Loebbecke et al., 2009; Subuki et al., 2014; Aziz et al., 2015, Zainuddin et al., 2017).

As propriedades reológicas do ligante e da matéria-prima são uma das principais caraterísticas para produzir uma peça verde com densidade uniforme e sem defeitos (Huang et al., 2003). A relação entre o pó e o aglutinante é conhecida como carga de pó, que se torna um parâmetro chave para um processo de moldagem por injeção bem sucedido.

A matéria-prima adequada para o PIM deve ser tão concentrada quanto possível (mais pó, menos aglutinante) para reduzir a queda e a contração durante a desbobinagem e a sinterização, respetivamente (Thian et al., 2002).

A Figura 2.7 mostra as três situações possíveis para uma mistura de pó e ligante. Nesta situação, o excesso de pó na mistura conduz a uma viscosidade elevada e à formação de bolsas de ar ou vazios, que dificultam a moldagem devido à insuficiência de ligante. Consequentemente, a existência de formação de vazios conduz a defeitos de fissuração durante as fases de desbaste.

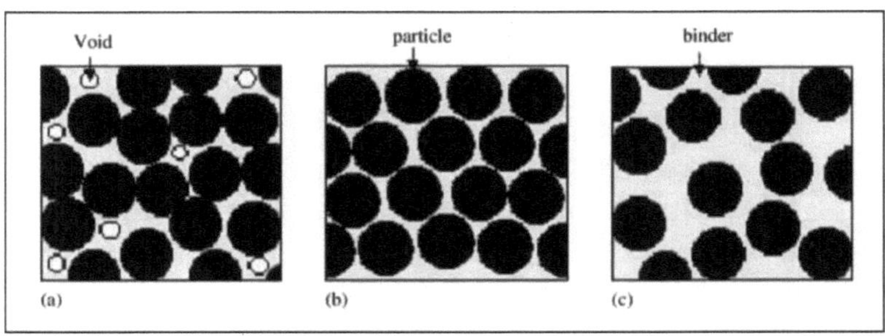

Figura 2.7: Três tipos de situações possíveis de arranjo da mistura pó-ligante
(a) excesso de pó, (b) concentração crítica de pó (c) excesso de ligante (Li et al., 2007).

Além disso, se a situação se verificar com um excesso de aglutinante, a viscosidade da matéria-prima diminuirá definitivamente e, por fim, resultará na separação pó-aglutinante durante a moldagem, o que conduzirá a flashes ou a inomogeneidades na peça moldada. Por esta razão, o excesso de ligante resultaria numa baixa resistência do pré-sinterizado, causando um problema de manuseamento devido a fratura. A sinterização subsequente também será afetada pela queda da peça, uma vez que as partículas não se manteriam adequadamente unidas (Thian et al., 2002).

A concentração crítica de pó com uma quantidade suficiente de ligante é desejável para permitir uma boa fluidez da matéria-prima, tanto durante o ensaio reológico como no processo de moldagem por injeção. Além disso, a carga óptima de pó numa matéria-prima refere-se a uma concentração de pó para a qual um composto apresenta boas propriedades de fluxo (viscosidade inferior a 103 Pa.s), bem como homogeneidade e estabilidade na gama de taxas de cisalhamento de 10^2 - 105 s^{-1} (Hausnerova, 2011). Assim, o comportamento de fluxo pseudoplástico pode ser obtido com a diminuição da viscosidade e o aumento da taxa de cisalhamento. Como resultado, as boas propriedades reológicas oferecem uma densidade uniforme e, além disso, a qualidade das peças verdes pode ser melhorada e monitorizada.

Além disso, para obter uma densidade verde elevada e reduzir a retração no processo de sinterização subsequente, é importante utilizar formulações com a fração volumétrica máxima de carga de pó. A maioria das cargas volumétricas de 50% a 70% são desejáveis para a moldagem por injeção (Moritz et al., 2009).

No entanto, registaram-se problemas, especialmente quando a viscosidade aumentou, e existe um interesse considerável em aumentar a carga de ligante; por conseguinte, é necessário reduzir a viscosidade tanto quanto possível. É evidente que, na moldagem por injeção de cerâmica, a matéria-prima homogénea produzida a partir do processo de mistura tem um teor ótimo de cerâmica/ligante e deve estar isenta de aglomerados; assim, tem fluidez suficiente para a moldagem (Trunec et al., 2000).

2.3.5 Moldagem por injeção

Normalmente, na peça cerâmica moldada por injeção, as peças desejadas são basicamente moldadas onde a matéria-prima granulada é introduzida no cilindro da máquina e aquecida a uma temperatura fixa (com base na temperatura do ensaio reológico) para produzir uma massa semi-fluida. Em seguida, o meio de moldagem, também conhecido como matéria-prima, é forçado a entrar na cavidade do molde através de um sistema de canais fechados.

A alta temperatura, a suspensão é fluida e pode ser injectada em moldes através da aplicação de pressão. No molde, a suspensão toma a forma do molde e depois arrefece abaixo do ponto de fusão do material termoplástico e solidifica-se num corpo verde (Goijan, 2012).

Normalmente, os polímeros e os compostos de moldagem à base de cera são aquecidos na máquina de moldagem a uma temperatura elevada de 130 - 200°C e são injectados utilizando pressões de cilindro entre 50 e 150 MPa (Moritz et al., 2009). Além disso, surgem alguns defeitos, tais como linhas de soldadura, marcas de afundamento ou variações dimensionais, que não podem ser resolvidos após a injeção. Os defeitos dos componentes cerâmicos não são reparáveis e, por conseguinte, prejudicam a qualidade das peças verdes.

Maetzig et al. (2002) apresentaram uma visão global dos erros de moldagem por injeção, tais como o parâmetro da velocidade de dosagem, o fluxo e a pressão de injeção e o tempo de retenção para o processamento de cerâmica; assim, esta fonte produziu contra-acções úteis para remediar os erros. As peças verdes podem também apresentar tensões internas, mesmo que qualitativamente pareçam perfeitas, o que pode dar origem a fissuras em fases posteriores do processo, como o desbaste.

Por conseguinte, devem ser evitadas diferenças locais de contração. A Figura 2.8a) apresenta a moldagem por injeção vertical utilizada e b) mostra o percurso do fluxo de matéria-prima através do sistema de canais.

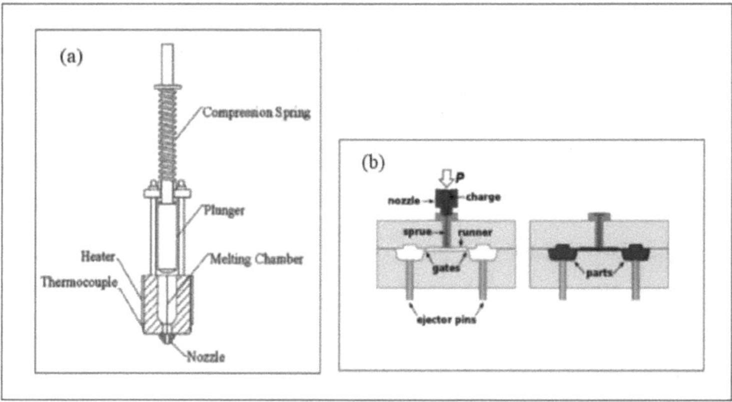

Figura 2.8: a) máquina de moldagem por injeção vertical (Mamat et al., 2015), b) diagrama simplificado do sistema de portas de correr (www.wikiwand.com)

Nesta sequência, Ahn et al. (2009) referiram que uma elevada diminuição da viscosidade a taxas de cisalhamento mais elevadas (comportamento de diluição por cisalhamento) é também uma propriedade desejada para o enchimento de cavidades com menos energia, especialmente para geometrias complicadas. No entanto, a estabilidade da mistura deve ser tida em conta para evitar a separação do ligante em pó (Gutidrrez et al., 2012).

Uma taxa de fluxo insuficiente conduzirá a um defeito de aparência e resultará em defeitos como vazios, porosidade, fissuras internas devido à fraca fluidez causada pela elevada carga de pó (Loh et al., 2001). Se a cavidade não for completamente preenchida, a ejeção das peças do molde tornar-se-á um problema. A moldagem por injeção a baixa pressão é permitida; pode evitar danos ou o enchimento excessivo por flashing.

Entretanto, a construção do molde que consiste em aço endurecido é bem adequada para a moldagem por injeção de cerâmica. Esta é uma consideração importante, uma vez que o pó cerâmico promove propriedades abrasivas, especialmente quando começa imediatamente a arrefecer e a endurecer (Moritz et al., 2009). Assim, este molde está protegido contra amolgadelas devido ao elevado impacto da pressão e dos materiais de alimentação, em comparação com o molde de alumínio.

A geometria do molde de conceção e a dimensão do lote são os aspectos cruciais. Como tal, as considerações geométricas são a posição das peças de enchimento no molde e o número de cavidades, a conceção do sistema de canais, o tipo e a posição do canal de entrada, o modo de funcionamento e a remoção das peças moldadas por injeção (manual ou automática) (Moritz et al., 2009).

2.3.6 Processo de desbobinagem

Na maioria dos estudos, a operação mais difícil e demorada no processo de moldagem por injeção de cerâmica é a eliminação do ligante, removendo-o dos corpos verdes antes da sinterização, sem qualquer deformação ou fissuras. Para além disso, o processo de remoção do ligante é tremendamente difícil devido aos corpos verdes que consistem em quantidades relativamente grandes de ligante muito volátil no estado sólido devido ao seu baixo ponto de fusão.

Gorjan (2012) relatou que o sucesso da desbobinagem é geralmente alcançado através da aplicação de um calor muito baixo aos corpos verdes, o que faz com que o ligante se decomponha e vaporize. Além disso, o processo de moldagem por injeção a baixa pressão resolve algumas dificuldades, especialmente neste estudo, que inclui estearina de palma de aglutinante único sem qualquer aglutinante de polímero de espinha dorsal que mantenha as partículas firmemente no lugar durante a desbobinagem.

No entanto, o custo do descascamento térmico torna-se dispendioso se for necessário um tempo de descascamento mais longo e, por vezes, podem ser necessários alguns dias para obter zero ligante. A remoção do ligante menor cria uma rede de porosidade através da qual os produtos de decomposição do ligante maior podem ser removidos mais facilmente (Rahaman, 2006). Quando a função dos materiais ligantes é considerada, os defeitos podem ser minimizados, devendo o ligante decompor-se a uma temperatura mais elevada em comparação com a temperatura de injeção e de mistura.

O processo de desbaste pode ser efectuado de três formas comuns. Por exemplo, em primeiro lugar, o corpo verde pode ser lixiviado por imersão num solvente (Krauss et al., 2007); em segundo lugar, pode ser utilizada a remoção catalítica, que consiste na aplicação de ácidos fortes para a decomposição da reação química; e, em terceiro lugar, pode ser utilizada a remoção por mecha (ou remoção por extração capilar), em que o ligante é derretido e extraído para o encaixe circundante por forças capilares (Goijan et al., 2013).

O processo de desbaste de mechas é efectuado em que as peças moldadas são embebidas num leito de pó granular solto com uma porosidade fina. Para decompor o ligante, a temperatura utilizada é superior ao ponto de fusão do ligante. A Figura 2.9 mostra o esquema da estrutura dos poros e a sua evolução durante um processo de desbaste térmico que cria poros abertos para facilitar o fluxo de vapor dos constituintes do ligante.

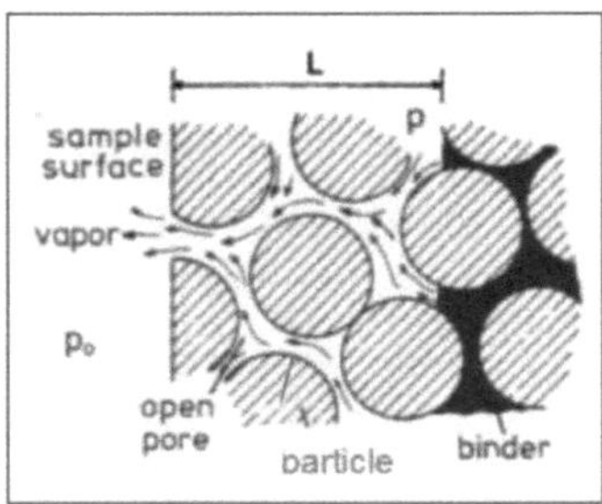

Figura 2.9: A ilustração da interface de vapor do ligante a uma distância L da superfície da amostra (Rahaman, 2006)

Neste estudo de caso, as peças moldadas contêm apenas um único ligante. No processo de desbaste térmico, existem apenas forças atractivas fracas para unir as partículas de pó e é possível que o aparecimento de uma pequena tensão possa causar uma deformação irreversível (Shengjie et al., 2004).

Por outro lado, é impossível aplicar neste estudo a remoção de solventes ou a remoção catalítica, uma vez que o sistema de aglutinação contém apenas o aglutinante único de estearina de palma. As peças moldadas seriam totalmente quebradas, uma vez que não está a ser utilizado nenhum aglutinante de espinha dorsal.

No entanto, a remoção por mecha é o método mais preferível para reduzir a formação de defeitos que existem na moldagem por injeção a baixa pressão durante o processo de remoção do ligante (LPIM) (Gorjan et al., 2010; Somasundram et al., 2008). Na investigação conduzida por Gorjan et al. (2014), o aglutinante foi removido com êxito do espécime verde cerâmico utilizando a remoção por mecha e a sinterização num único passo para a moldagem por injeção de pó. O leito de pó ou o processo de incorporação desempenha um papel essencial, servindo especialmente como suporte físico para as peças amolecidas quando o ligante no interior começa a derreter (Wright & Evans, 1991).

Geralmente, isto exerce uma pressão de sucção capilar maior do que os poros da peça cerâmica quando o sistema é aquecido e a fase aglutinante derrete à medida que é extraída da peça por ação capilar, o que se designa por "wicking" (Somasundram et al., 2010). A forma de leito de pó granular proporciona um suporte físico suave para as amostras moldadas; por conseguinte, pode evitar certas falhas, como a distorção e a fissuração. A remoção de mechas proporciona uniformidade em toda a superfície do corpo verde, garantindo assim uma estrutura consistente e rígida após a incorporação (Gorjan, 2012).

Em comparação, uma placa sólida não oferece tantas vantagens, uma vez que resolve menos problemas práticos, como o facto de exigir menos limpeza em comparação com o leito de pó. O primeiro método de incorporação está representado na Figura 2.10. O primeiro método de incorporação está representado na Figura 2.10. Em primeiro lugar, um agente de absorção pode estar na forma de uma placa de substrato sólido poroso ou na presença de um pó ou granulado solto. Como na figura 2.10, o ligante fundido é extraído do corpo verde através da placa porosa.

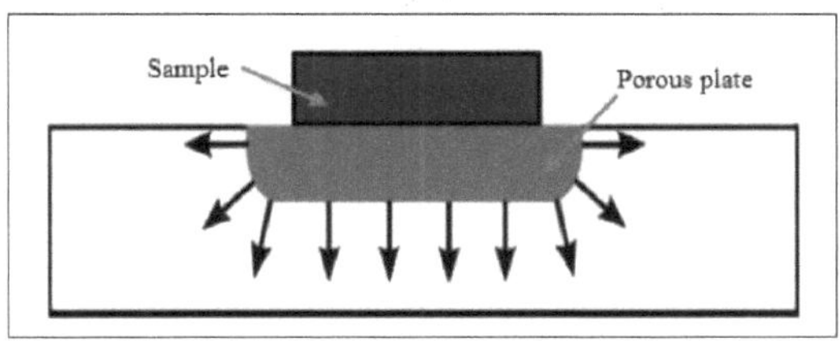

Figura 2.10: Descolagem de mechas numa placa porosa. O ligante fundido é extraído do corpo verde para a placa de suporte porosa (Gorjan, 2012).

O segundo método de desbaste por mecha é a incorporação de pó poroso ou granulado. A Figura 2.11 mostra o ligante fundido que é extraído através do pó poroso em todas as direcções do corpo verde. A extração torna-se homogénea devido ao facto de a amostra estar rodeada de pó granulado a uma determinada taxa de temperatura de aquecimento.

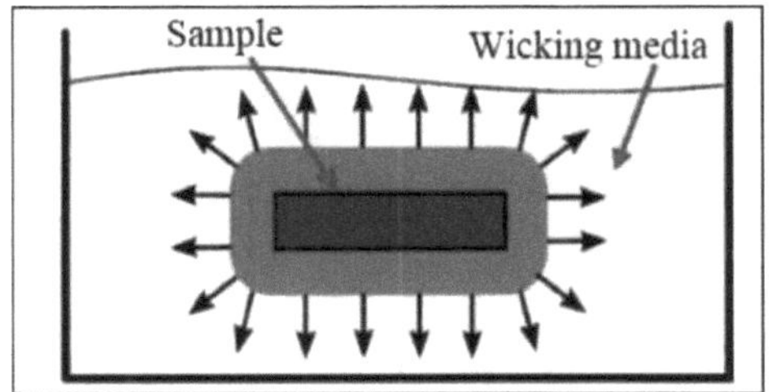

Figura 2.11: Descolagem por mecha numa incrustação de pó poroso ou granulado. O ligante fundido é extraído em todas as direcções do corpo verde (Gorjan, 2012).

É de grande importância no processo de desbaste servir as peças moldadas com o mínimo de defeitos. Em comparação, o processo de debinding sem meios de embutimento promove uma aparência defeituosa, incluindo a perda de uma forma compacta através de distorção, deformação, rachaduras e a indesejável forte adesão do pó de wicking na superfície das peças debinded. Além disso, quando todos os aglutinantes já foram removidos do corpo, o corpo exibe atributos extremamente frágeis e fracos.

Uma solução para o processo de remoção de ligas térmicas, que pode ser executada sem remover o corpo do suporte, consiste em aplicar mais calor ao sistema até à temperatura de sinterização. As peças castanhas podem então ser removidas em segurança do encaixe. Uma vez que não contêm nenhum aglutinante, também podem ser sinterizadas sem problemas. De acordo com a patente, a desbobinagem e a sinterização podem ter lugar num único forno (Gorjan et al., 2011).

De acordo com a Figura 2.12, a) representa a amostra moldada por injeção a baixa pressão, que foi desbastada sem o pó de granulado como meio de absorção. A fissura foi observada devido à aplicação direta de pressão e calor à amostra, causando assim uma extração não homogénea do ligante. O defeito observado pode conduzir a propriedades inferiores e a danos na estrutura. A Figura 2.12 b) mostra o excelente acabamento da superfície de uma boa amostra que foi obtida a partir da remoção de partículas com alumina porosa como meio de absorção.

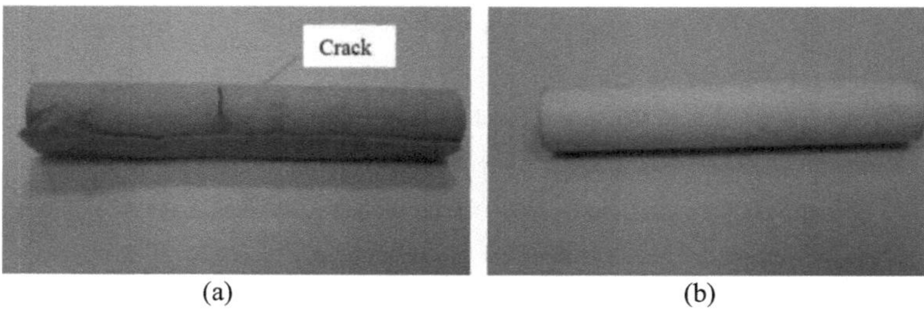

(a)   (b)

Figura 2.12: a) mostra a amostra moldada por injeção a baixa pressão, desbastada sem leito de pó de mecha, b) mostra a amostra que foi desbastada num leito de agente de mecha de alumina altamente poroso (Gorjan, 2012).

2.4 Processo de sinterização

A sinterização é um tratamento térmico aplicado a um pó compacto a uma temperatura extremamente elevada, com o objetivo de promover a difusão entre partículas adjacentes, removendo assim a porosidade existente e produzindo uma peça densa com boa integridade mecânica (German, 2005). O processo é efectuado a temperaturas abaixo da temperatura de fusão do constituinte principal do pó metálico ou cerâmico, geralmente entre 70 a 90% do ponto de fusão (Lame et al., 2003).

O HAp faz parte da família dos ortofosfatos que se tornam termicamente instáveis a temperaturas superiores a 1200°C devido à formação de outras fases, como o TCP. A temperatura no forno de sinterização é suficientemente elevada para iniciar o processo de recristalização das partículas cerâmicas, mas suficientemente baixa para que as partículas permaneçam não fundidas. Para além do limite superior dessas temperaturas, as partículas recristalizam-se umas nas outras, provocando a sua fusão (Boljanovic, 2010).

2.4.1 Sinterização em estado sólido (SSS)

A sinterização em estado sólido, tal como definida por DeJonghe et al. (2003), consiste no aquecimento de um corpo verde moldado a uma temperatura que é tipicamente 0,5-0,9 do ponto de fusão, em que não está presente qualquer líquido e a difusão atómica no estado sólido produz a união das partículas e a redução da porosidade. Mutsuddy e Ford (1995) e German (2005) também relataram que o processo de densificação é incorporado com três estágios sobrepostos conhecidos como estágios inicial, intermediário e final.

Dois modelos esféricos, ilustrados na Figura 2.13, mostram o mecanismo da fase inicial, que inclui: (1) difusão superficial, (2) difusão na rede, (3) transporte de vapor, (4) difusão no contorno de grão, (5) difusão na rede a partir do contorno de grão e (6) fluxo plástico do movimento de deslocamento. O crescimento do pescoço prossegue rapidamente, mas as partículas de pó permanecem discretas.

A Figura 2.13 apresenta o diagrama esquemático dos mecanismos de sinterização, incluindo o possível transporte de massa. Existem seis fases de difusão envolvidas para aglutinar a partícula a determinadas temperaturas de sinterização aplicadas.

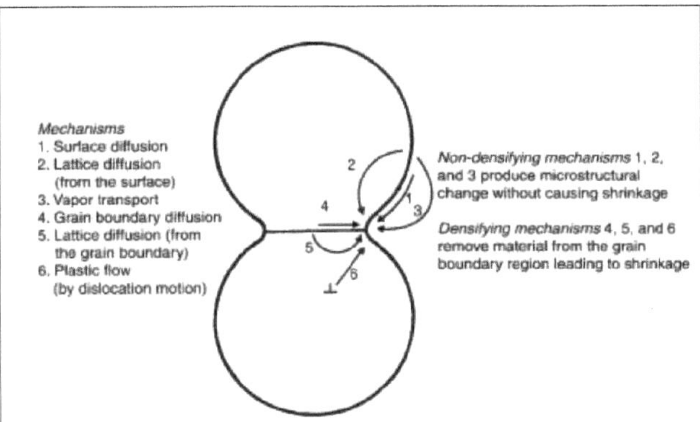

Figura 2.13: Representação esquemática dos mecanismos de sinterização, incluindo o possível transporte de massa (DeJonghe et al., 2003).

Em seguida, inicia-se a fase intermédia, quando o poro atinge o seu equilíbrio em termos de forma da superfície e de tensão interfacial. A fase de poro torna-se arredondada e contínua, gerando assim as partículas discretas que são menos aparentes devido à produção instantânea de mais pescoço.

A estrutura recristaliza-se e as partículas difundem-se umas nas outras, o que faz com que as partículas adjacentes se tornem mais largas, colidindo umas com as outras e gerando a rede, que é, na realidade, constituída por poros discretos unidos a limites de grão.

Durante as fases finais, os poros completamente isolados estão localizados ao lado dos limites de grão. Além disso, alguns poros podem separar-se dos limites do grão e, eventualmente, ficar presos no grão quando o tamanho do grão aumenta substancialmente. À medida que o crescimento do colo aumenta, o espaçamento entre partículas tende a degradar-se, resultando numa contração global e numa densificação lenta devido ao crescimento do grão.

A Figura 2.14 mostra a evolução microestrutural durante a sinterização em estado sólido. Há três fases envolvidas, começando com a fase inicial em que as partículas começam a difundir-se, as partículas adjacentes difundem-se parcialmente na fase intermédia e a fase final é concluída quando as partículas se difundem e produzem os poros interligados.

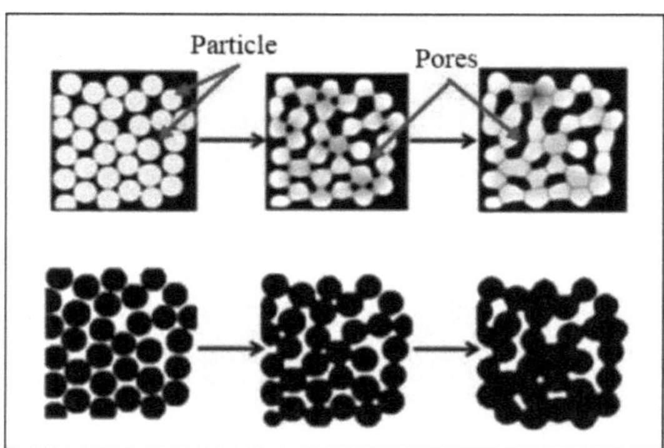

Figura 2.14: Evolução microestrutural durante a sinterização em estado sólido (Bodla et al., 2014)

2.4.2 Sinterização em estado líquido (LSS)

A sinterização em fase líquida consiste na consolidação de pós compactos com a ajuda de uma fase líquida formada a uma temperatura muito inferior ao ponto de fusão do material de base (German, 2005). De um modo geral, as principais vantagens deste método de produção são o facto de apresentar baixas temperaturas de sinterização, uma densificação rápida, densidades finais elevadas e resultar em microestruturas que, frequentemente, proporcionam excelentes propriedades mecânicas ou físicas do material, em vez de materiais sinterizados no estado sólido.

Nestes materiais, a distribuição do líquido e as heterofases resultantes após a densificação são de importância crítica para as propriedades do corpo sinterizado (DeJonghe et al., 2003). Além disso, a densificação durante a sinterização em fase líquida baseia-se no rearranjo e na transformação da forma efectuada a partir dos constituintes sólidos.

No início, o estado sólido existe entre os pós misturados durante o aquecimento, o que leva à ligação dos grãos. Quando o primeiro líquido se forma devido à dissolução do sólido no líquido, os grãos começam a reorganizar-se, o que leva a densificações rápidas.

Por esta razão, o líquido torna-se um transportador para um átomo sólido num processo denominado solução-reprecipitação, em que a massa dos grãos mais pequenos se dissolve no líquido e resulta em precipitados nos grãos maiores. A solubilidade de um grão sólido varia inversamente com o tamanho do grão; assim, os grãos pequenos dissolvem-se preferencialmente na fase líquida e, com o tempo, o número de grãos diminui e o tamanho do grão aumenta (German, 2005).

A Figura 2.15 mostra a evolução esquemática do pó compacto durante a sinterização em fase líquida (LPS). A LPS é geralmente considerada como um processo em fases sequenciais: (1) fusão dos aditivos formadores de líquido e redistribuição do líquido; (2) rearranjo das fases sólidas maioritárias impulsionado por gradientes de tensão capilar; (3) densificação e acomodação da forma da fase sólida envolvendo a precipitação da solução; e (4) densificação final impulsionada pela porosidade residual nas fases líquidas.

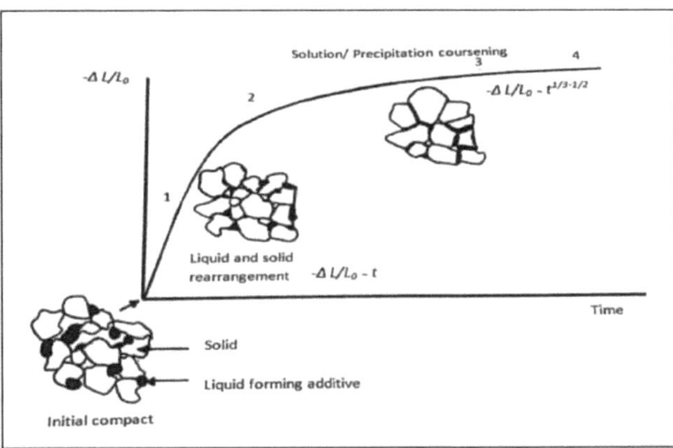

Figura 2.15: Evolução esquemática do pó compacto durante o LPS. As várias fases sobrepõem-se significativamente (DeJonghe et al., 2003).

2.5 Conclusões

Da análise da literatura acima apresentada, podem ser destacadas várias conclusões para aperfeiçoamento futuro.

i. A hidroxiapatite (HAp) é um tipo de material biocerâmico que é um material biocompatível (material inerte) adequado para aplicações de implantes. Devido à semelhança química com o osso humano natural, a HAp também possui bioatividade, osteocondutividade e propriedades não tóxicas. Devido à procura de materiais de implante cerâmicos, é possível que se torne ainda mais parte do estilo de vida natural e cause menos danos ao corpo humano.

ii. Foram introduzidos vários tipos de processamento de cerâmica, incluindo a moldagem por injeção de cerâmica (CIM). Neste estudo, o material cerâmico HAp é introduzido para ser fabricado juntamente com estearina de palma de aglutinante único através da rota de moldagem por injeção de cerâmica. O aglutinante simples apresentado acima está amplamente disponível na Malásia. É possível que seja o sistema de ligante mais eficiente, uma vez que cumpre o comportamento pseudoplástico nos ensaios de reologia, é amigo do ambiente, tem um baixo custo de produção e utiliza significativamente baixas temperaturas de processamento.

iii. Além disso, as caraterísticas do pó são a chave para o sucesso do processo CIM. Vários parâmetros, incluindo o tamanho das partículas, a forma das partículas, a densidade das partículas e a distribuição do tamanho das partículas, são atributos importantes, uma vez que desempenham um papel fundamental no processo global.

iv. A matéria-prima obtida a partir do processo de mistura é uma parte do sucesso do fabrico de cerâmica. Tem uma distribuição homogénea dos constituintes; assim, resultará numa mistura óptima e na uniformidade das peças moldadas. No entanto, é ainda possível obter uma mistura não homogénea. Isto conduzirá a um gradiente de densidade e a distorções. Subsequentemente, resultará na contração da sinterização com fissuras e defeitos.

v. Além disso, durante o processo de moldagem por injeção, a primeira moldagem por injeção é necessária para obter o espécime verde sem defeitos. Se o provete tiver um defeito, como uma linha de soldadura ou marcas de afundamento, o provete não deve ser utilizado para reciclagem para produzir um novo provete de peça verde. O espécime verde resultante produzido teria falta de qualidade e tenderia a pulverizar e haveria separação do ligante durante a moldagem por injeção.

vi. Em comparação com o anterior desenvolvimento de ligantes na CIM, o sistema de ligantes proposto requer dois ou mais ligantes. O sistema de ligantes pode afetar todo o método de processamento, a tolerância dimensional, bem como a integridade dos componentes. O processo de remoção de ligante por mecha oferece uma técnica eficiente para a remoção de ligante na amostra verde, uma vez que o pó de HAp tem baixa densidade e fornece suporte físico para manter a forma final do produto.

vii. A seleção adequada da temperatura de sinterização durante a fase final do processo de moldagem por injeção pode produzir um espécime final com as propriedades necessárias. É importante notar que o HAp tende a decompor-se e a formar outras fases, tais como TCP, TTCP e CaO. Por conseguinte, a temperatura de sinterização é muito particular, uma vez que irá afetar as propriedades físicas e mecânicas dos espécimes sinterizados.

CAPÍTULO TRÊS
METODOLOGIA

3.1   Introdução

Este capítulo centra-se no método necessário para atingir os objectivos desta investigação. A estearina de palma é examinada, de modo a investigar as suas possibilidades como aglutinante único com várias cargas de aglutinante correspondentes às fases envolvidas na moldagem por injeção de cerâmica.

Em seguida, a amostra de HAp do andaime será examinada para estudar o efeito de diferentes temperaturas de sinterização; assim, o comportamento físico e mecânico pode ser determinado. A experiência é avaliada em todas as fases do processo de CIM, ou seja, incluindo a fase preliminar, intermédia e final da CIM. O resumo da experiência global está resumido na Figura 3.1.

3.2   Caracterização do pó cerâmico (hidroxiapatita)

Nesta secção, há várias caracterizações do pó de HAp que serão discutidas mais detalhadamente. Estas incluem a distribuição e a densidade do tamanho das partículas, a difração de raios X (XRD), a análise de espetroscopia de infravermelhos com transformada de Fourier (FTIR), a espetroscopia de raios X por dispersão de energia (EDS) e a concentração de elementos de rastreio utilizando a espetrometria de emissão ótica de plasma de acoplamento indutivo (ICP-OES).

3.2.1   Distribuição do tamanho e densidade das partículas

O pó de hidroxiapatite (HAp) é selecionado porque apresenta múltiplas propriedades necessárias para ser utilizado como material de implante cerâmico. Devido à elevada procura de um material cerâmico que possua um baixo potencial alérgico e propriedades semelhantes ao osso humano, o pó comercial de hidroxiapatite (HAp) é o mais utilizado no fabrico de implantes cerâmicos para implantes permanentes, em vez de implantes metálicos.

A Figura 3.0 ilustra o resumo do procedimento experimental global da moldagem por injeção de cerâmica. O pó de hidroxiapatite (HAp) e a estearina de palma (PSr) serão caracterizados antes de se iniciar o processo de mistura.

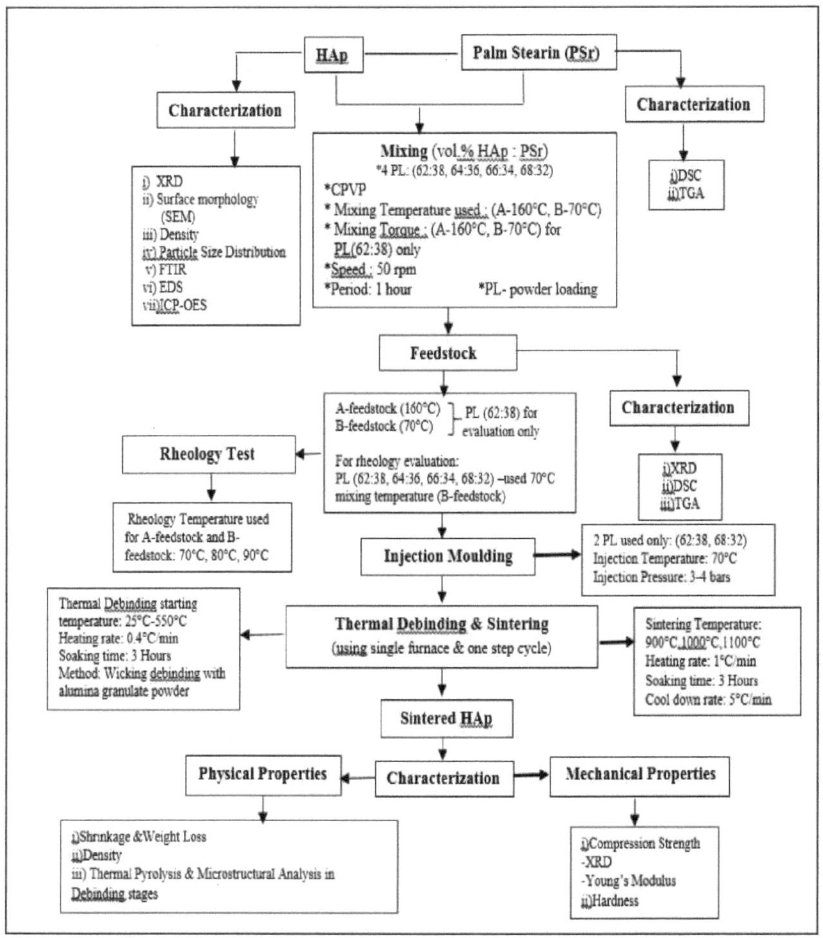

Figura 3.0: Resumo do procedimento experimental global

A matéria-prima será produzida após o processo de mistura e será posteriormente avaliada através de testes de caraterização e reologia. Em seguida, após o ensaio de reologia, a carga de pó escolhida será moldada por injeção de acordo com determinados requisitos. No presente trabalho, o pó de HAp utilizado é uma combinação de tecnologias de hidroxiapatite (HAp) e colagénio purificado da família dos produtos ósseos sintéticos. A densidade teórica do pó utilizado foi de 3,19 g/cm^3 , enquanto a temperatura de fusão da HAp é de 1614°C.

A Figura 3.1 mostra o pó de hidroxiapatite (HAp) utilizado nesta investigação. O pó de HAp é de cor branca como a neve, inodoro e tem uma textura muito fina como a farinha. Contém elementos ricos em cálcio e fósforo e é classificado como um material biocerâmico.

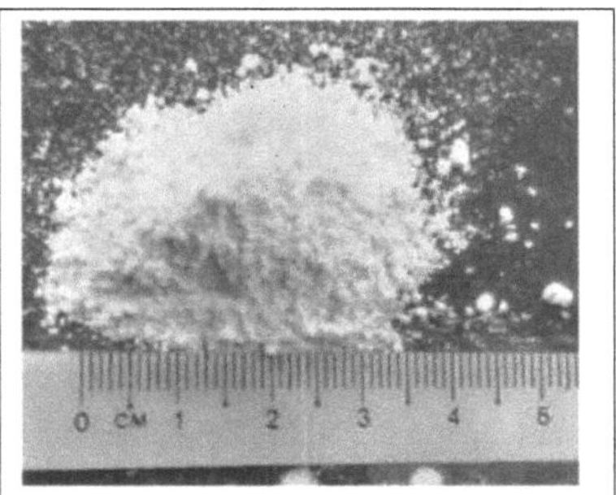

Figura 3.1: Pó de hidroxiapatite

O pó de HAp foi concebido para otimizar a taxa de reabsorção e combina sais de cálcio e colagénio bovino fabricados pela Berkeley Advanced Biomaterials, Inc (EUA). Estas eram partículas finas com um tamanho médio de cerca de 5 µm e eram um pó aglomerado semelhante a uma esfera.

A medição do tamanho das partículas foi efectuada utilizando um Malvern Instrument Type Mastersizer 2000. A composição química do HAp e a densidade teórica são apresentadas no Quadro 3.1. A densidade do pó de HAp é medida utilizando um instrumento picnómetro Accupnyc sob fluxo de gás hélio. O pó de HAp e o ligante de estearina de palma (PSr) foram utilizados no processo de mistura para obter a carga de pó de 62 vol.%, 64 vol.%, 66 vol.% e 68 vol.%.

Tabela 3.1:
A formulação química do pó de HAp

Element	Short name	Chemical Formula	Density
Hydroxyapatite	HAp	$Ca_{10}(PO_4)_6(OH)_2$	3.19 g/cm³

O pó de hidroxiapatite (HAp) com o número de catálogo (BABI-HAP-SP, LN: HA 06030) foi caracterizado por vários testes, incluindo difactómetro de raios X (XRD), infravermelho com transformada de Fourier (FTIR), espetroscopia de raios X por dispersão de energia (EDX) e espetrometria de emissão ótica com plasma indutivo acoplado (ICP-OES), a fim de determinar o constituinte da fase, o grupo funcional e a composição elementar e a análise de impurezas, respetivamente.

3.2.2 Difractómetro de raios X (XRD)

A difração de raios X (Rigaku Modelo Ultima IV) é um dos testes, que compreende uma técnica analítica não destrutiva que pode definir o rendimento a partir da impressão digital única das reflexões de Bragg associadas a uma estrutura cristalina. Posteriormente, os raios X com um comprimento de onda semelhante às distâncias entre estes planos podem ser reflectidos de modo a que o ângulo de reflexão seja igual ao ângulo de incidência. Tal como descrito pela Lei de Bragg, este comportamento é designado por difração na equação 3.1.

$$2d\sin\theta = n\lambda \qquad (3.1)$$

Da equação 3.1, 9 é o complemento do ângulo de incidência, n é um número inteiro positivo e d é a distância entre camadas de átomos. A análise XRD é efectuada para identificar as fases presentes no pó de HAp. De seguida, o padrão de resultados foi documentado entre 20°C e 80°C, utilizando radiação Cu Ka (λ= 1,54059A) a 40kV e 40mA. O teste começou com uma velocidade de varrimento de cerca de 2°/minuto e foi utilizado um tamanho de passo de 0,02°. O padrão foi avaliado e examinado com a base de dados padrão do Centro Internacional de Dados de Difração (ICDD), conhecida como Powder Diffraction File (PDF), utilizando o número de cartão (01-074-0565).

3.2.2 Análise por espetroscopia de infravermelhos com transformada de Fourier (FTIR)

A espetroscopia de infravermelhos com transformada de Fourier (FTIR) é utilizada para examinar as ligações químicas numa molécula, produzindo um espetro de absorção de infravermelhos. É necessário converter os dados em bruto no espetro atual. O espetro produz um perfil da amostra, que é utilizado para medir a capacidade de uma amostra absorver luz em cada comprimento de onda.

A técnica de espetroscopia dispersiva consiste em fazer incidir um feixe de luz monocromática sobre uma amostra, medindo depois a quantidade de luz absorvida e, subsequentemente, repetindo este processo para cada comprimento de onda diferente. Assim, uma impressão digital molecular distinta pode ser utilizada para selecionar e analisar amostras para muitos componentes diferentes. O FTIR é um instrumento analítico eficaz para detetar grupos funcionais e caraterizar informações de ligação covalente.

As frequências obtidas estão correlacionadas com a vibração das ligações moleculares que dependem do elemento do material e do tipo de ligação (Skoog et al., 2007). O pó é analisado na gama espetral de 515cm^{-1} a 4000cm^{-1} utilizando FTIR (Perkin Elmer) para identificar a ligação química e o grupo funcional observados no pó de HAp.

3.2.3 Espectroscopia de raios X com dispersão de energia (EDS)

A espetroscopia de raios X por dispersão de energia (EDS) é um instrumento analítico utilizado para identificar a análise elementar ou a composição química de uma amostra. Para estimular a emissão de raios X caraterísticos de uma amostra, um feixe de alta energia de partículas carregadas, como electrões ou protões, ou um feixe de raios X, é bombardeado com um feixe focalizado na amostra em estudo.

3.2.4 Concentração de elementos de rastreio utilizando a espetrometria de emissão ótica com plasma de acoplamento indutivo (ICP-OES)

O ICP-OES (série iCAP 6000) fornece uma técnica de análise elementar e de nível de metais vestigiais que utiliza os espectros de emissão de uma amostra para identificar e quantificar os elementos presentes. É uma técnica excelente para identificar e quantificar constituintes elementares, tais como elementos de metais pesados como o arsénio (As), o cádmio (Cd), o mercúrio (Hg), o argônio (Ag) e o chumbo (Pb) em várias amostras, incluindo o pó de HAp. A amostra é avaliada de modo a determinar a concentração da amostra e cumpre os requisitos da especificação padrão para a composição da hidroxiapatite para fins de implante. Esta análise é importante para os materiais de implante porque os elementos de metais pesados provocam efeitos tóxicos que prejudicam os seres humanos.

3.3 Caracterização do sistema aglutinante de estearina de palma

O aglutinante utilizado no presente estudo consiste em 100vol.% de estearina de palma fabricada pela Kempas Oil Sdn Bhd e fornecida pela Vistec Technology Sdn Bhd. A estearina de palma (PSr) é derivada da fração sólida do óleo de palma por cristalização parcial a temperatura controlada. Neste sistema, a PSr tem uma propriedade única, uma vez que desempenha um papel importante no fornecimento da fluidez necessária durante a mistura e o processo de moldagem por injeção. Neste sistema de aglutinação não é utilizado qualquer aglutinante de espinha dorsal, o que pode promover um fabrico amigo do ambiente e um baixo custo de processamento.

O estudo da estearina de palma e da matéria-prima é efectuado utilizando vários parâmetros, de modo a determinar a carga máxima e mínima de pó e a formulação do ligante, a fim de cumprir os requisitos do CIM. Esta investigação é uma continuação do trabalho de investigação anterior bem sucedido de Omar e Subuki (2010), Ali et al. (2015), Zainuddin (2017), Razali (2016) que estudaram os dois tipos de sistemas de ligantes; ou seja, a estearina de palma como ligante primário e o polietileno (PE) como ligante secundário, respetivamente. A Figura 3.2 mostra o ligante de estearina de palma em forma de pasta. A textura era bastante oleosa e cheirava a óleo, por exemplo, como manteiga macia, e tinha uma cor amarela cremosa. A Tabela 3.2 destaca a fórmula molecular e a densidade da PSr.

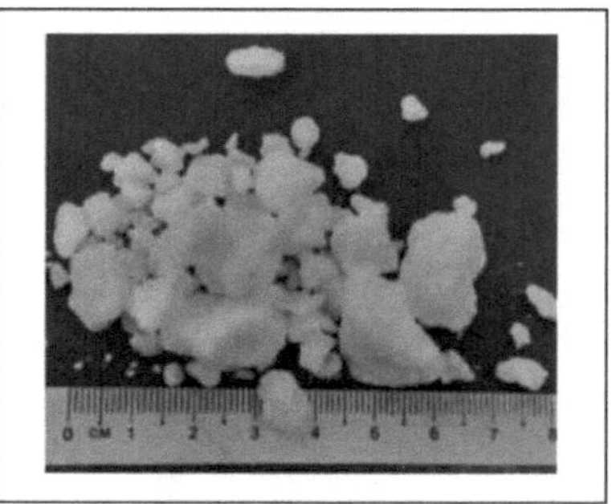

Figura 3.2: Estearina de palma (PSr)

Tabela 3.2:

Densidade do aglutinante

Binder	Molecular Formula	Density (g/cm^3)
Palm stearin	$C_{57}H_{110}O_6$	0.9809

A estearina de palma consiste principalmente em tripalmitato de glicerilo, que é uma composição de ácidos gordos, e uma estearina de palma mole típica contém quase 50% de ácido palmítico e 35% de ácido oleico. É muito utilizada por investigadores e profissionais, uma vez que a estearina de palma tem baixa densidade e baixo ponto de fusão e pode dissolver-se facilmente em solventes orgânicos, como o heptano (Iriany, 2002).

A estearina de palma é um caldo duro natural útil para o fabrico de gorduras sem trans. Embora seja comestível, a estearina de palma também é utilizada no fabrico de sabões e na formulação de alimentos para animais. As especificações são apresentadas na norma malaia MS 815:2007 (quadro 3.3).

Tabela 3.3:

Caraterística de identidade da estearina de palma

Item No.	Identity Chacateristic	Observed min. to max.
i)	Fatty acid composition, (wt.% as methyl esters)	
	C 12:0 (lauric acid)	0.1 to 0.3
	C 14:0 (miristic acid)	1.1 to 1.7
	C 16:0 (palmitic acid)	49.8 to 68.1
	C 16:1 (palmitoleic acid)	<0.05 to 0.1
	C 18:0 (stearic acid)	3.9 to 5.6
	C 18:1 (oleic acid)	20.4 to 34.4
	C 18:2 (linoleic acid)	5.0 to 8.9
	C 18:3 (linolenis acid)	0.1 to 0.5
	C 20:0 (arakidic acid)	0.3 to 0.6
ii)	Iodine Value (Wijs)	27.8 to 45.1
	Slip melting point (°C)	46.6 to 53.8

3.3.1 Calorimetria Exploratória Diferencial (DSC)

O ponto de fusão do ligante é medido utilizando um instrumento DSC. A curva do fluxo de calor versus temperatura ou versus tempo representa a informação útil para determinar a temperatura de fusão da pasta que pode ser utilizada como referência no processo subsequente de mistura e moldagem por injeção. O teste foi efectuado utilizando o Metler Toledo TGA e o DSC SDTA851.

A amostra foi preparada com cerca de 6 mg de aglutinante colocado num recipiente de alumínio e devidamente selado com uma tampa de alumínio. A amostra foi aquecida até 100°C com uma taxa de aquecimento de cerca de 10°C/min, com uma taxa de fluxo de 10ml/min e sob um fluxo de gás nitrogénio.

3.3.2 Análise termogravimétrica (TGA)

A análise termogravimétrica ou (TGA) é um método de análise térmica em que as alterações das propriedades físicas e químicas dos materiais podem ser medidas em função do aumento da temperatura (com uma taxa de aquecimento constante) ou em função do tempo (com temperatura constante e/ou perda de massa constante). A TGA era normalmente utilizada para determinar caraterísticas selecionadas de materiais que apresentavam perda ou ganho de massa devido à decomposição, oxidação ou perda de voláteis (como a humidade). A matéria-prima HAp foi submetida a TGA e DSC da Mettler Toledo sob um fluxo de gás de azoto e a uma temperatura até 700°C com uma taxa de aquecimento de 3°C/min.

3.4 Preparação da matéria-prima de hidroxiapatite

A matéria-prima foi preparada utilizando o misturador Brabender modelo R2400. O misturador Brabender foi utilizado porque podia ocupar a matéria-prima cerâmica na câmara para obter uma mistura homogénea e o binário de mistura podia ser avaliado diretamente a partir do software de mistura e o misturador podia ocupar a matéria-prima com cerca de 1000 cm^3. De seguida, a matéria-prima foi preparada para 2 temperaturas de mistura diferentes da matéria-prima A (160°C) e da matéria-prima B (70°C) para a carga de pó de (62vol.% HAp :38vol.% PS) apenas para avaliação do binário de mistura.

O misturador foi aquecido ligeiramente acima do ponto de fusão da estearina de palma e, quando a temperatura ficou estável, o material pôde começar a ser carregado gradualmente dentro da câmara. O resultado da DSC serviu de orientação para definir a temperatura do processo de mistura, porque o aglutinante precisa de derreter bem para proporcionar fluidez à mistura pó-aglutinante.

O teste CPVP foi efectuado para obter a carga crítica. O resultado foi de cerca de 70,64%. A partir da carga crítica, houve quatro cargas de pó de HAp introduzidas com 100 vol.% de aglutinante único, que foram 62 vol%, 64 vol%, 66 vol% e 68 vol%. A lâmina foi mantida a rodar à velocidade de 50rpm com movimento de contra-rotação. O resto da carga de pó (64:36, 66:34, 68:32) foi preparado utilizando uma temperatura de mistura de 70°C para avaliação reológica.

O processo de mistura foi realizado durante cerca de 60 minutos para obter uniformidade; assim, o binário de rendimento da mistura apareceu a um nível constante e foi definido como mistura homogénea (Thian et al., 2002). Após 60 minutos de mistura, o aquecimento foi desligado e a lâmina continuou em movimento para solidificar e arrefecer a matéria-prima granulada à temperatura ambiente, como se mostra na Figura 3.3. O tempo de arrefecimento foi realizado durante cerca de 20-30 minutos, o que permitiu que a matéria-prima fosse removida da câmara (Ismail, 2012).

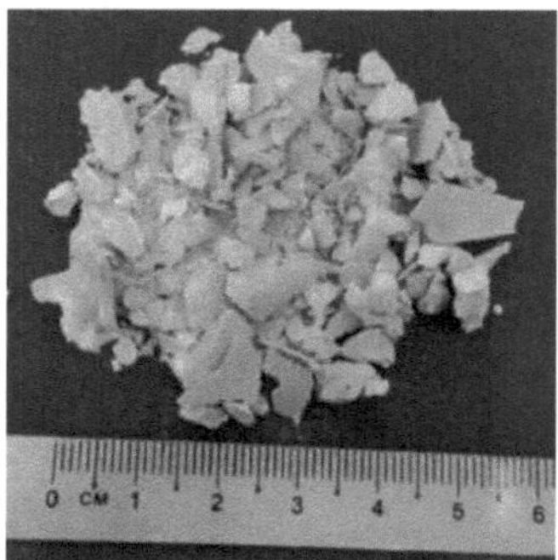

Figura 3.3: Matéria-prima de HAp

3.5 Caracterização das matérias-primas

A caraterização da matéria-prima é um dos requisitos da CIM que fornece a informação necessária para o processo subsequente de moldagem por injeção. Adicionalmente, a compreensão da análise térmica permitiu obter uma imagem clara do comportamento térmico da matéria-prima, particularmente no processo de moldagem por injeção, nos processos de desbaste térmico e de sinterização, uma vez que a matéria-prima foi sujeita ao processo térmico. Por conseguinte, no que respeita ao efeito da análise térmica e do comportamento do fluxo, foi necessário identificar as possibilidades da matéria-prima na decomposição térmica utilizando a análise TGA e a análise reológica.

3.5.1 Análise reológica

A análise reológica é uma parte crucial na determinação do comportamento de fluxo da matéria-prima durante a moldagem por injeção. Sem a informação útil obtida através do teste reológico, o processo de moldagem seria impossível de realizar, uma vez que as propriedades de fluidez desempenham um papel vital na produção de produtos de moldagem por injeção bem sucedidos. A matéria-prima foi caracterizada utilizando o Reómetro Capilar RH2000 da Bohlin Instruments (conforme ilustrado na Figura 3.4), que consiste numa matriz de carboneto de tungsténio com um diâmetro de orifício de abertura, d de 1 mm e um comprimento, L de 10 mm.

A informação útil obtida com o software Rosand Flowmaster deu uma imagem clara das propriedades de fluidez da matéria-prima. A matéria-prima preparada foi carregada no canal pré-aquecido a uma temperatura que variava entre 60°C e 90°C, seguida de uma taxa de cisalhamento constante que variava entre 5 s⁻¹ e 10000 s⁻¹. O ensaio foi efectuado a uma velocidade constante de 100 mm/min e a uma pressão de cerca de 2 MPa. O ensaio de reologia tem um método de processamento semelhante ao da extrusão, que aplica pressão e espreme o ar preso no interior do canal. Assim que a matéria-prima começou a fluir através da matriz, foi registada a viscosidade de cisalhamento à primeira taxa de cisalhamento.

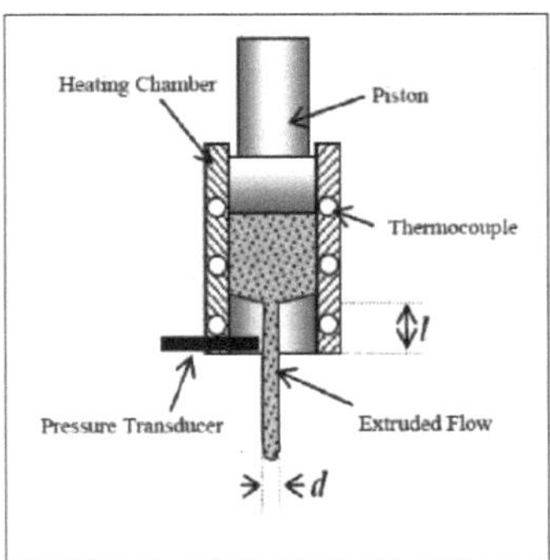

Figura 3.4: Diagrama esquemático de um reómetro (Ismail, 2012).

3.6   Processo de moldagem por injeção

Em seguida, o coração do processo de processamento CIM ou do processo de moldagem por injeção torna-se a parte crucial para alcançar o sucesso das peças com a forma desejada. A matéria-prima preparada foi moldada por injeção utilizando uma máquina vertical de bancada que era operada manualmente com uma pressão média de cerca de 300 kPa a 400 kPa, conforme ilustrado na Figura 3.5. Na primeira etapa, o bico e o cilindro (principalmente os que estão em contacto com a matéria-prima) foram limpos com uma solução de acetona para evitar a contaminação das peças moldadas devido à utilização de matérias-primas anteriores.

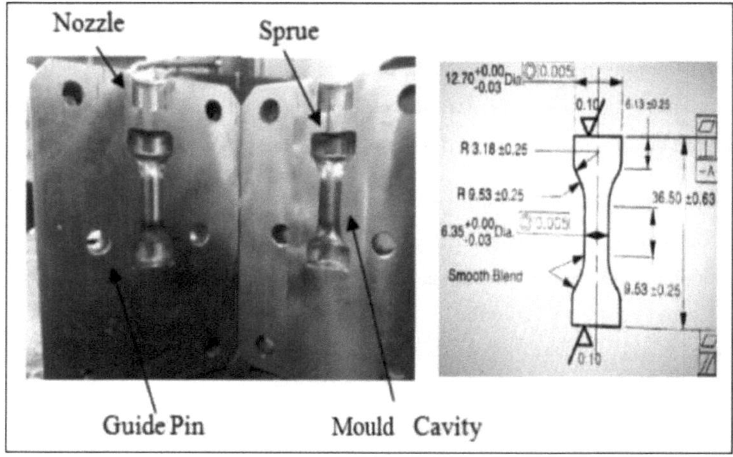

Figura 3.5: Molde moldado por compressão e dimensão

Além disso, o barril foi aquecido num intervalo de 60°C a 70°C e a temperatura foi estabilizada durante cerca de 5 a 10 minutos antes de a matéria-prima ser carregada na câmara. A cavidade do molde foi colocada na parte inferior, abaixo do bocal, para obter uma posição de modo a ter contacto direto com a matéria-prima que seria extrudida para a cavidade do molde através do bocal da máquina. A matéria-prima foi extrudida aplicando a pressão de extrusão de uma só vez para obter uma boa amostra moldada sem defeitos.

A amostra moldada foi deixada arrefecer durante cerca de 3 a 5 minutos para garantir que a amostra solidificava, conforme ilustrado na Figura 3.6. Além disso, a amostra bem moldada foi obtida sem defeitos e foram efectuadas medições do peso e do comprimento, a fim de medir as alterações dimensionais e a perda de peso correspondentes aos processos de desbaste térmico e de sinterização.

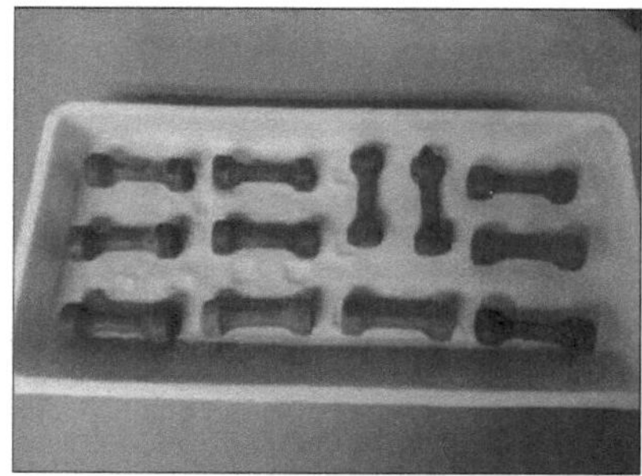

Figura 3.6: Amostra de peça verde

3.6.1 Desbaste térmico e sinterização

Normalmente, esta fase é realizada de acordo com programas de temperatura controlada de fornos eléctricos em ar ambiente. A temperatura definida é sempre inferior ao ponto de fusão dos materiais. Durante a fase de cozedura, a temperatura foi mantida constante a uma temperatura intermédia para queimar os aglutinantes orgânicos. Nesta fase, o espécime moldado a verde foi desbastado utilizando um método de desbaste por mecha numa única etapa.

O processo foi realizado utilizando um forno de carbolite (tipo HTF3 &475286, Sheffield), no qual a amostra verde foi colocada no topo de uma camada de 1 mm de agente de absorção dentro do cadinho de alumina. Curiosamente, o meio de embutir consiste em granulado solto de um leito de pó de alumina (pó de alumina, Al₂ O3 NM9620) com uma distribuição de tamanho médio de cerca de 180nm a 230nm, fornecido pela Maju Saintifik Sdn Bhd.

Em seguida, todo o corpo da amostra foi preenchido com um meio de absorção de cerca de 1 g por 1 g de peso da amostra, tal como referido por Goijan et al. (2014). A Figura 3.7 a) mostra o meio de mecha preparado para o processo de desbaste térmico e b) a amostra verde foi colocada no topo do meio de mecha e o pó de alumina foi vertido sobre a amostra até ficar totalmente coberta com o pó de alumina. O processo começou imediatamente com a colocação do cadinho preparado no forno de carbolite.

(a)   (b)

Figura 3.7: (a) O leito de pó do meio de absorção no cadinho, (b) a amostra verde foi colocada no topo do meio de absorção

A Figura 3.8 ilustra o perfil de desbaste térmico e sinterização num ciclo de uma etapa num único forno. Neste processo, foi eliminado o método de remoção de ligante por solvente, uma vez que o espécime não continha qualquer ligante de espinha dorsal.

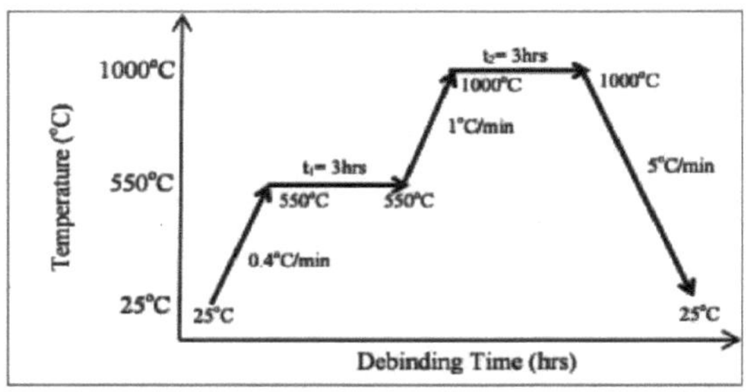

Figura 3.8: Perfil de aquecimento para um processo de desbaste térmico e sinterização numa única etapa.

O processo de desbaste térmico começou à temperatura ambiente e a temperatura foi aumentada 'para 550°C para atingir a temperatura de decomposição do ligante, utilizando uma taxa de aquecimento de 0,4°C/min. A imersão foi efectuada durante cerca de 3 horas para remover gradualmente o ligante e para melhorar as propriedades de resistência. O processo de sinterização foi realizado em seguida, continuando o processo de desbaste para as respectivas temperaturas máximas (900°C, 1000°C e 1100°C) com uma taxa de aquecimento de 1°C/min. O tempo de imersão utilizado foi de cerca de 3 horas e a amostra foi deixada arrefecer no estado natural do forno até atingir a temperatura ambiente. O parâmetro de sinterização utilizado foi 0,8 inferior ao ponto de fusão do pó de HAp. Este parâmetro foi utilizado para as três temperaturas diferentes de 900°C, 1000°C e 1100°C, a fim de analisar o efeito da temperatura de sinterização correspondente ao comportamento do corpo castanho. Na maioria dos casos, a sinterização permite que uma estrutura mantenha a sua forma naturalmente. No entanto, este processo pode ser acompanhado de um certo grau de contração que deve ser acomodado no processo de fabrico. A Figura 3.9 mostra o forno de carbolite com o desbaste térmico e a sinterização num ciclo de uma etapa.

Figura 3.9: Forno de carbolite

3.7 Caracterização da peça sinterizada de HAp

Nesta fase, os corpos castanhos resultantes do processo de sinterização têm de cumprir alguns critérios de caraterização. Apesar da conclusão do processo de CIM, foram investigadas algumas propriedades do corpo sinterizado para obter as propriedades mecânicas desejadas de acordo com o Standard Guide for Characterization of Ceramic and Mineral Based Scaffold used for Tissue Engineered Medical Product (TEMPs) and as a device for Surgical Implant Applications.

3.7.1 Propriedades físicas

3.7.1.1 Retração

A perda de peso do ligante após o processo de sinterização tem uma correlação importante com as propriedades de contração. O efeito da retração pode ser observado a olho nu ou pode ser medido utilizando um compasso de Vernier para obter dados de medição adequados, medindo as alterações dimensionais da amostra de corpo verde (incluindo comprimento e diâmetro) e da amostra de corpo castanho final. A percentagem de retração é dada pela equação 3.2.

$$L\ (\%) = \frac{(L_{gr} - L_{s})}{L_{gr}} \times 100 \tag{3.2}$$

Em que $L\ gr$ = comprimento do provete moldado a verde (mm)

$L\ s$ = comprimento do provete de sinterização (mm)

3.7.1.2 Densidade

De seguida, a densidade da amostra sinterizada foi medida utilizando um kit de medição da gravidade específica, modelo AD-1653. Este processo aplica o princípio de Arquimedes em que a peça sinterizada foi revestida com uma fina camada de massa lubrificante para evitar a penetração de água na amostra.

De acordo com o princípio de Arquimedes, a amostra foi pesada no ar e na água, de acordo com a equação 3.3:

$$\rho_{s} = \frac{A}{A - B} \times (\rho_{o} - d) + d \tag{3.3}$$

Onde: ρ_{s} = densidade do provete de corpo castanho HAP (g/cm^3)

A = peso no ar (g)

B = peso em água (g)

ρ_{0} = densidade da água (0,99754 g/cm^3 a 25°C)

d = densidade do ar (0,001 g/cm' a 25°C)

3.7.1.3 Medição da porosidade

Para obter a medição da porosidade, a amostra de corpo castanho foi medida utilizando o modelo de porosidade de mercúrio Auto Pore IV 9500V1.09 fabricado pela Micrometic Instrument Corporation. A estrutura porosa foi medida através da aplicação de vários níveis de pressão a uma amostra imersa em mercúrio. A pressão necessária para que o mercúrio penetre na estrutura porosa foi inversamente proporcional ao tamanho da amostra porosa, como indicado na equação 3.4:

$$\% \, \varepsilon = \frac{V}{V/\rho} \times 100\%$$

(3.4)

Onde: ε = porosidade

V = volume total de instrusão (vazio) (cm^3/g)

p = densidade aparente (g/cm)^3

3.7.2 Propriedades mecânicas

3.7.2.1 Ensaios de dureza

O ensaio de dureza foi efectuado na parte sinterizada da amostra de HAp utilizando um aparelho de medição da dureza Micro Vickers da Mutitoyo, modelo MVK-H31. O indentador de diamante com ponta piramidal foi forçado a penetrar na amostra de ensaio sob uma carga prescrita (1 kg durante 10 segundos). A dureza indentada foi medida em 5 pontos diferentes de modo a obter os dados médios de medição da dureza.

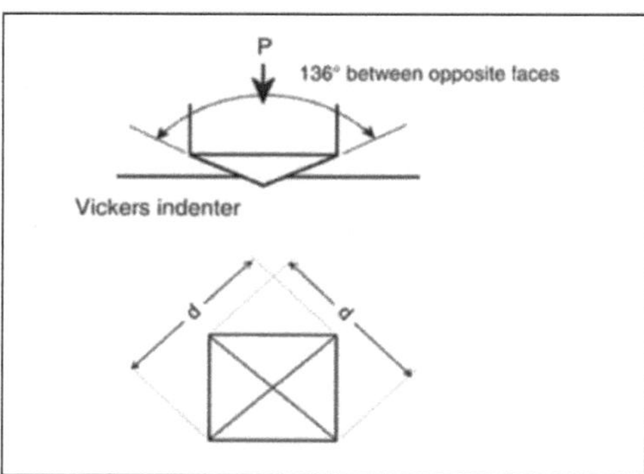

Figura 3.10: Diagrama esquemático do ensaio de dureza micro Vickers

3.7.2.2 Resistência à compressão e módulo de Young

O ensaio de compressão foi efectuado com uma máquina de ensaios Instron 3382, com uma célula de carga de 100 kN e software Blue Hill. O ensaio foi efectuado a uma velocidade constante de 1 mm/min à temperatura ambiente. As dimensões e o comprimento do provete sinterizado foram medidos com um compasso de calibre vernier (precisão de ± 0,001 mm). A força de compressão foi aplicada à amostra para verificar a resistência do material à rutura. Quando a amostra começou a resistir, os dados de tensão foram obtidos e traçados no software.

A amostra de ensaio foi aplicada entre duas placas de aço inoxidável; assim, a carga foi transmitida axialmente à amostra durante a compressão, conforme ilustrado na Figura 3.11. Os dados medidos deram uma imagem clara do módulo de Young e foram calculados pela Lei de Hooke, como na equação 3.4. A curva tensão-deformação está representada na Figura 3.12. O módulo de Young, E, pode ser definido como a tensão longitudinal (σ) dividida pela deformação (ε).

$$E = \frac{\sigma}{\varepsilon} \qquad (3.4)$$

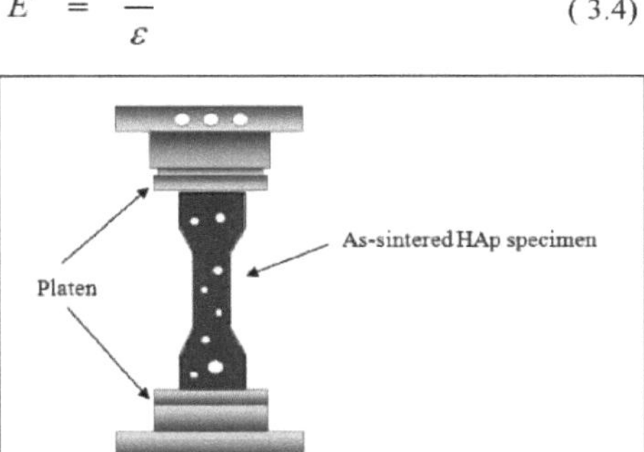

Figura 3.11: Ilustração do ensaio de compressão da HAp sinterizada

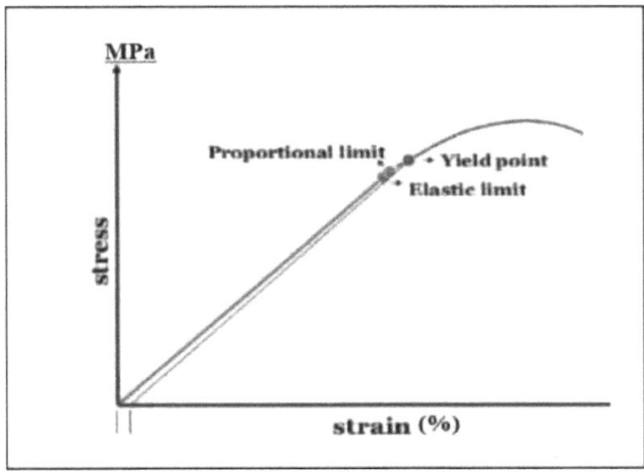

Figura 3.12: Diagrama esquemático da curva tensão-deformação (Hibbler, 2013)

CAPÍTULO QUATRO
RESULTADOS E DISCUSSÃO

4.1 Introdução

Este capítulo apresenta todos os resultados obtidos em cada análise, que foi efectuada desde o início da caraterização do pó até à última análise das peças sinterizadas. O pó comercial de HAp com as propriedades desejadas foi preparado para posterior utilização no processo de CIM com um único ligante, a estearina de palma. O processo de CIM foi realizado para estabelecer resultados em todas as etapas envolvidas.

4.2 Caracterização do pó de HAp

Nesta secção, foram discutidos sete subtópicos relativos à caraterização do pó de HAp. Estes incluem a análise de difração de raios X (XRD), a morfologia da superfície, a densidade, a distribuição do tamanho das partículas, a análise de infravermelhos com transformada de Fourier (FTIR), a análise elementar utilizando a espetroscopia de raios X por dispersão de energia (EDS) e a análise de espetrometria de emissão ótica com plasma indutivamente acoplado (ICP-OES).

4.2.1 Análise XRD

O pó de HAp foi caracterizado utilizando a análise XRD. Neste caso, não existiam outras fases presentes e estes resultados foram apoiados por Cimdina et al. (2012) e Ramesh et al. (2013), que relataram o padrão XRD da HAp comercial que estava disponível no mercado.

A Figura 4.1 mostra o padrão XRD do pó de HAp comercial. Esta análise inicial das fases é importante para desenvolver as propriedades desejadas da HAp para o método experimental posterior. O rácio Ca/P obtido para o pó de HAp foi de 1,70.

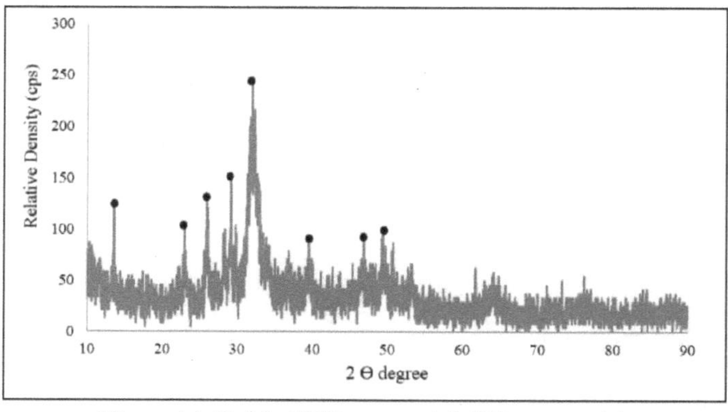

Figura 4.1: Padrão XRD para o pó de HAp comercial

4.2.2 Morfologia da superfície

O pó fino utilizado, como o pó de HAp, tem tendência para se aglomerar em partículas grandes, o que dificulta a obtenção de uma densidade de empacotamento elevada. O pó esférico resulta numa densidade de empacotamento elevada e oferece comparativamente menos resistência ao fluxo durante a moldagem por injeção, minimizando assim a quantidade de aglutinante que tem de ser adicionada, bem como reduzindo a contração da sinterização.

Adicionalmente, devido ao atrito comparativamente mais elevado entre as partículas, as partículas mais pequenas exibiram um aumento desejável na resistência compacta durante a desbobinagem, o que reduziu a possibilidade de distorção ou deslizamento durante o processamento, permitindo assim geometrias mais complexas, paredes mais finas, arestas mais vivas e peças com melhor acabamento superficial. Assim, para completar a difusão das partículas cerâmicas, foi necessário um tempo de sinterização mais longo.

É evidente que, quando as tecnologias de pó estão em causa, o passo fundamental no processo de produção é a escolha do pó cerâmico fino, que se torna o aspeto crucial. Entretanto, propriedades como a área de superfície específica, o tamanho das partículas, a distribuição do tamanho, a forma das partículas e a pureza do pó tiveram um grande impacto nas propriedades da matéria-prima.

Geralmente, as dimensões típicas das partículas na CIM são de 1-2μm (Stanimirovic et al., 2012), mas foi relatada a utilização de partículas muito mais finas até regiões submicrónicas ou nano (Mannschatz et al., 2009). Os resultados da morfologia da forma e da superfície são apresentados na Figura 4.2, que mostra que a morfologia da superfície do pó de HAp é esférica e aglomerada, enquanto o aglutinante de estearina de palma tem uma forma irregular.

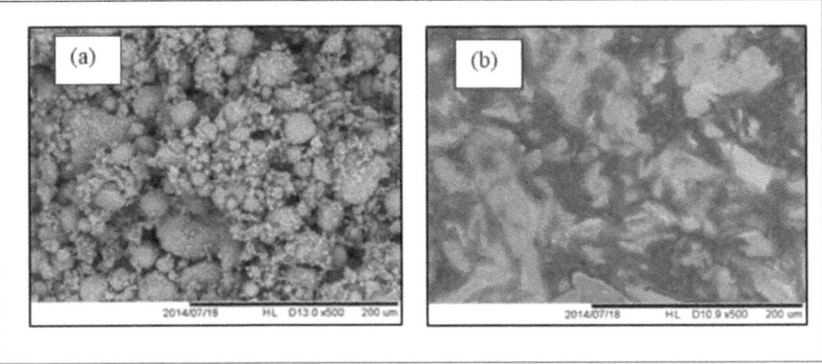

Figura 4.2: Morfologia da superfície por micrografia eletrónica de varrimento de (a) pó de HAp tal como recebido e (b) estearina de palma (em pasta)

4.2.3 Densidade do pó de HAp

A densidade picnométrica do pó de HAp comercial foi determinada utilizando um Micrometrics Accupyc sob um fluxo de gás hélio. É normalmente designada por densidade teórica ou real. A densidade teórica do HAp é de 3,19 g/cm^3. O aumento do tamanho das partículas, como o pó grosso, diminui a densidade, proporciona uma maior eficiência de empacotamento, reduz as taxas de contração da sinterização e encurta os tempos de desbobinagem (Bose et al., 2008; Hausnerova, Kitano e Saha, 2010). Uma vez que o tamanho reduzido das partículas de pó tem uma área de superfície elevada, conduzirá a um maior acondicionamento do pó e resultará numa leitura exacta da densidade do pó (Ismail, 2012).

4.2.4 Distribuição do tamanho das partículas

Entretanto, outro aspeto importante da caraterização do pó é a distribuição do tamanho das partículas. A Tabela 4.1 mostra a distribuição do tamanho das partículas do pó de HAp. A análise da distribuição do tamanho das partículas tem uma caraterística extraordinária com três pontos na distribuição categorizados como D_{10}, D_{50} e D_{90}. Os valores D (D_{10}, D_{50} e D_{90}) são definidos como as intercepções para 10%, 50% e 90% da massa cumulativa do gráfico de distribuição do tamanho das partículas.

A largura da distribuição granulométrica ou conhecida como declive da distribuição S_w, oferece medidas importantes de D do pó $_{10}$ e D_{90} que satisfazem a equação 4.1. O parâmetro S_w é o declive da distribuição cumulativa log-normal e é semelhante a um coeficiente de variação ou desvio padrão de uma distribuição gaussiana.

$$S_w = \frac{2.56}{\log_{10}(D_{90}/D_{10})} \qquad (4.1)$$

Tabela 4.1:

Distribuição do tamanho das partículas do pó

Ceramic Powder	Particle size (µm)			Particle Width	Specific Surface
Hydroxyapatite (HAp)	D_{10}	D_{50}	D_{90}	Distribution (S_w)	Area (m^2/g)
	4.895	24.939	66.347	2.261	0.491

Além disso, os valores elevados do declive da distribuição S_w correspondem a distribuições granulométricas estreitas e os valores baixos correspondem a distribuições amplas. É possível obter uma boa moldabilidade para valores de S_w inferiores a 2, enquanto alguns pós mais difíceis apresentam valores de S_w entre 4 e 5, o que indica distribuições estreitas. A partir da Tabela 4.1, pode-se ver que os valores do pó HAp são aproximadamente 2, o que corresponde a distribuições relativamente amplas.

Entretanto, a Figura 4.3 apresenta as curvas de distribuição cumulativa para o pó comercial de HAp. O padrão de distribuição mostra um sistema polidisperso ou um sistema alargado.

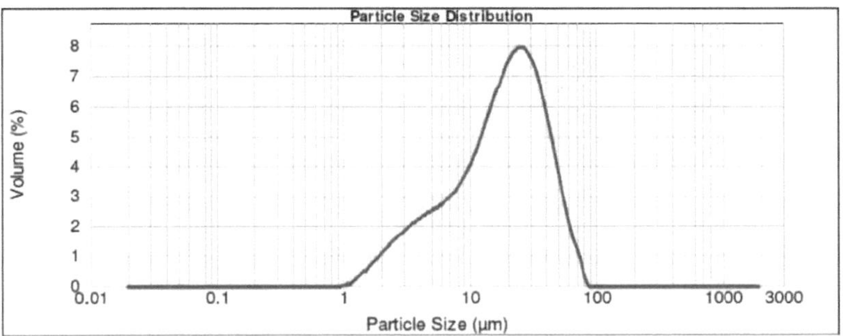

Figura 4.3: Distribuição do tamanho das partículas do pó de HAp comercial.

A maior parte dos pós comerciais utilizados na metalurgia do pó ou nas tecnologias cerâmicas é constituída por uma combinação de partículas grandes e pequenas ou denominada distribuição granulométrica por medida, que permite um elevado empacotamento e tem uma viscosidade adequada durante a moldagem. Uma vez que uma distribuição granulométrica alargada permite uma menor retração na sinterização, resulta num processo de desbaste mais lento e aumenta a tendência para formar microestruturas não homogéneas.

Assim, a partícula pequena proporciona uma área de superfície mais elevada, o que significa que promove a fricção na massa de pó e degrada a fluidez e o empacotamento. Um compromisso é fundir algumas partículas esféricas e de forma irregular para obter propriedades reológicas adequadas.

4.2.5 Análise por Infravermelhos com Transformadas de Fourier (FTIR)

4.4 A espetroscopia FTIR tem inúmeras vantagens para a análise química do CaP. O espetrograma obtido por FTIR fornece informações úteis sobre a localização dos picos, a sua intensidade, largura e forma na gama de números de onda pretendida. A figura mostra os modos de vibração FTIR para o pó de HAp comercial.

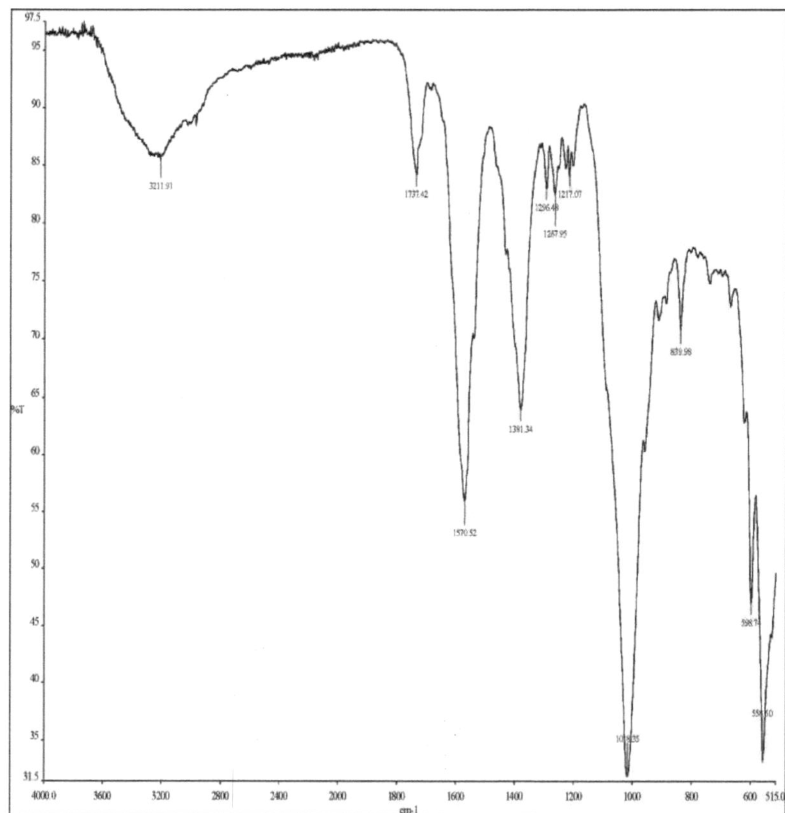

Figura 4.4: Modos de vibração FTIR para HAp comercial

As posições das bandas de infravermelhos com o grupo químico das frequências observadas de HAp comercial foram tabuladas na Tabela 4.2 com a temperatura de 950° C. Os resultados mostraram que os pós de HAp exibiam um espetro FTIR que correspondia ao HAp estequiométrico. Observou-se que o espetro dos pós de HAp revelou uma curvatura atribuída à absorção química de H2O a 1738 cm^{-1} para os pós de HAp. O espetro para HAp mostra o pico acentuado observado a 3572cm^{-1} e 630 cm^{-1} (libertação/dobragem).

Tabela 4.2:
Grupo químico das frequências observadas de HAp comercial

Chemical Group	Observed Vibrational Frequencies (cm^{-1})
PO_4^{3-} bend ν_4	562
PO_4^{3-} bend ν_1	598
Structural OH	630
PO_4^{3-} stretch ν_1	962
PO_4^{3-} bend ν_3	1022
PO_4^{3-} bend ν_3	1086
H_2O adsorbed ν_2	1738
Structural OH	3572

A partir do gráfico, podem ser observados quatro modos de vibração do ião fosfato nas amostras. Quando a frequência do ião fosfato, também conhecida como IR ativo (ν_1, ν_2, ν_3 e ν_4), é a mesma que a frequência de vibração de uma ligação ou conjunto de ligações, ocorre absorção.

O exame da luz transmitida mostra quanta energia foi absorvida em cada frequência (ou comprimento de onda). Além disso, observou-se que o espetro de todos os pós de HAp revelou bandas pertencentes ao grupo PO_4^{3-} a 562-598 cm^{-1} , 962 cm^{-1} ,1022-1025 cm^{-1} , e 1086 cm^{-1} para HAp comercial.

O intenso pico agudo do modo de fosfato para o pó comercial observado a 562-598 cm^{-1} fornece informações úteis para determinar a caraterização da própria estrutura da apatite. Isto é apoiado por um estudo anterior realizado por Cimdina et al. (2012), que relatou a análise FTIR do pó comercial de HAp e fosfato de cálcio sintetizado de várias origens (como mármore, cascas de ovos, conchas de caracóis) e a sua influência nas propriedades do produto CaP.

Ramesh et al. (2013) também relataram a análise FTIR de 3 tipos diferentes de preparação de HAp, incluindo um método químico húmido e um método mecânico-químico húmido, em comparação com o pó de HAp comercial da Alemanha, que tem espectros semelhantes aos do pó de HAp comercial deste estudo.

4.2.6 Análise elementar por espetroscopia de raios X com dispersão de energia (EDS)

A figura 4.5 mostra a composição elementar (% de átomos) do pó de HAp comercial. Os sistemas EDS estão ligados a instrumentos de microscopia eletrónica (Microscopia Eletrónica de Varrimento (SEM)), em que a capacidade de imagem do microscópio identifica a composição elementar do pó de HAp comercial, como na Figura 4.5.

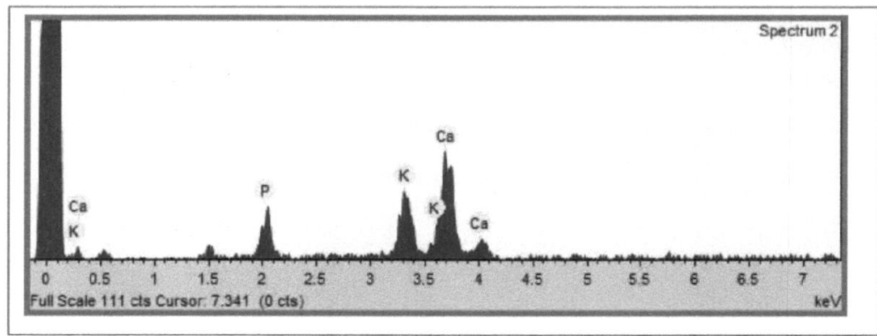

Figura 4.5: Espectro SEM_EDS do pó de HAp comercial

Para aplicações biomédicas, os fosfatos de cálcio mais frequentemente utilizados no pó de HAp têm um rácio cálcio/fósforo de 1,67 (Ca/P = 1,67) (Cimdina et al., 2012; Raynaud & Champion, 2002; Ramesh et al., 2007). O rácio Ca/P do pó de HAp comercial é bastante superior ao rácio molar aceitável, que deve situar-se no intervalo de 1,50 a 1,80.

A Tabela 4.3 apresenta a composição elementar do pó de HAp comercial. Mostra claramente que o rácio cálcio/fósforo (Ca/P) é de cerca de 1,70.

Tabela 4.3:
Composição elementar do pó de HAp comercial

Element of HAp	(Atom %)		Ca/P Ratio
	Calcium (Ca)	Phosphorus (P)	
	18.80	11.05	1.70

Sob a forma de hidroxiapatite carbonatada (HAp), o fosfato de cálcio é o constituinte inorgânico mais importante dos tecidos duros biológicos, sendo utilizado como material de substituição de osso artificial (Dorozhkin, 2009; El Kady et al., 2009; Shi, 2006).

Dependendo do rácio molar (Ca/P) e da solubilidade do composto, é possível obter numerosos fosfatos de cálcio de composição diferente. A maioria dos materiais desta classe são reabsorvíveis e dissolvem-se quando inseridos num ambiente físico.

4.2.7 Análise por espetrometria de emissão ótica com plasma indutivamente acoplado (ICP-OES).

O pó de HAp comercial foi investigado quanto à concentração de elementos vestigiais, como o arsénio (As), o cádmio (Cd), o mercúrio (Hg) e o chumbo (Pb). Todas as concentrações de oligoelementos fornecidas pela amostra de pó de HAp foram avaliadas para cumprir os requisitos da especificação padrão para a composição da hidroxiapatite para fins de implante

A Tabela 4.4 destaca o elemento de concentração do pó de HAp comercial. Com base na Tabela 4.4, os pós de HAp apresentam valores extremamente pequenos abaixo da concentração permitida. A concentração elevada acima da norma permitida não é aceitável para efeitos de implante devido ao efeito perigoso no corpo humano.

Tabela 4.4:
Concentração de oligoelementos do pó comercial de HAp

Commercial HAp	Concentration (ppm)			
	As	Cd	Hg	Pb
	0.003	0.001	0.020	0.003
Maximum limit followed by ASTM F1185-03	3	5	5	30

Uma vez que o material do implante deve ter propriedades de biocompatibilidade e de osteo-integração com o osso adjacente, os elementos tóxicos e venenosos devem ser eliminados, uma vez que estão associados a problemas de saúde a longo prazo, por exemplo, doenças relacionadas com a pele, como a dermatite, que conduz ao cancro, a ostemomalácia, também conhecida como raquitismo, e a neuropatia (Geetha et al., 2009).

4.3 Caracterização do sistema aglutinante

Nesta secção, a estearina de palma desempenha o papel de principal componente do sistema aglutinante. A caraterização do ligante consiste na análise térmica da estearina de palma. Foram efectuadas análises de calorimetria diferencial de varrimento (DSC) e de termogravimetria (TGA).

4.3.1 Estearina de palma

O traço DSC para a amostra PSr indicou o ponto de fusão a aproximadamente 61,70°C. Este resultado fornece informações úteis para determinar a temperatura óptima para os processos de mistura, reologia e moldagem por injeção.

A Figura 4.6 mostra que o ponto de fusão do PSr é consideravelmente mais baixo, uma vez que permite baixas temperaturas e requer um tempo muito curto para fundir, especialmente durante o processo de mistura.

Este resultado foi corroborado por um estudo anterior efectuado por Subuki (2010), que indicou que o ponto de fusão do PSr era de 61,31°C. Por conseguinte, o processo de mistura subsequente deve ser efectuado a uma temperatura ligeiramente superior ao ponto de fusão do ligante para garantir que o ligante funde totalmente e forma uma mistura homogénea de pó e ligante.

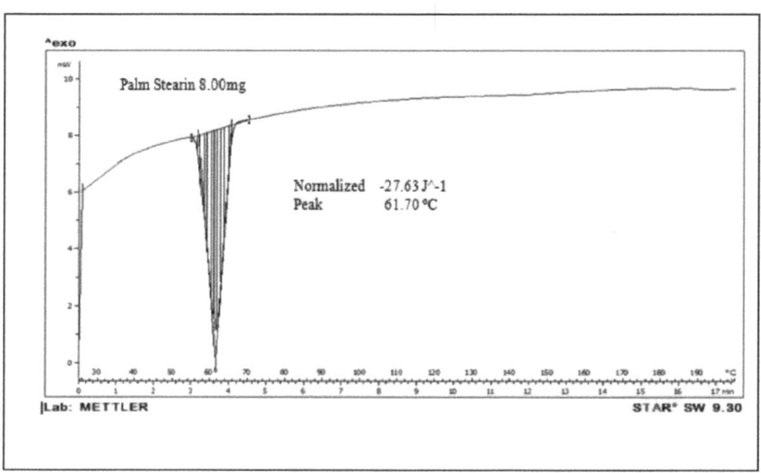

Figura 4.6: Curva DSC para estearina de palma

Em seguida, o resultado da TGA deu uma visão geral da determinação da temperatura adequada para o processo de desbaste térmico, de modo a que a amostra da fase anterior do processo de sinterização obtivesse uma rigidez significativa para o manuseamento.

A curva de análise termogravimétrica (TGA) para a estearina de palma (PSr) está representada na Figura 4.7. De acordo com o gráfico obtido, verifica-se que a PSr começou a decompor-se aproximadamente a 333°C e terminou a uma temperatura de 470°C. Este resultado serviu de orientação para a conceção de um perfil de aquecimento durante o processo de desbaste térmico. O perfil de aquecimento construído deve ser inferior ao ponto de fusão e à temperatura de decomposição do material.

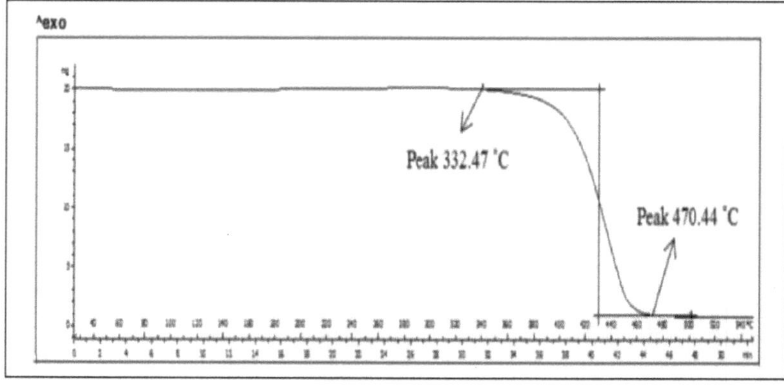

Figura 4.7: Curva TGA para a estearina de palma

4.4 Preparação da matéria-prima HAp

Esta secção centra-se no método necessário para atingir os objectivos desta investigação. A preparação da matéria-prima também é discutida, o que tem em conta a avaliação do fluxo da matéria-prima através do reómetro capilar antes do processo de moldagem por injeção.

4.4.1 Percentagem de volume crítico de pó (CPVP)

Antes do processo de mistura para produzir matéria-prima, é importante avaliar a fração crítica de pó que pode ser consumida para as formulações de matéria-prima. A carga de pó é definida como a relação entre o volume de pó sólido e o volume total de pó e aglutinante. Além disso, a percentagem crítica de volume de pó (CPVP) do pó deve ser avaliada utilizando métodos normalizados, tais como um método de absorção de óleo, antes de a matéria-prima ser formulada com uma carga de pó diferente.

A densidade de empacotamento do pó fornece dados úteis para a carga crítica de pó. A carga crítica de pó mais baixa é obtida principalmente a partir de pós finos, uma vez que têm maior fricção entre partículas (Subuki, 2010). A utilização de pós finos leva a uma elevada viscosidade da matéria-prima devido à aglomeração de partículas. Uma vez que tem dificuldade em produzir uma densidade de empacotamento elevada, resultará numa taxa de debinding lenta e conduzirá a uma retração elevada. Uma densidade de empacotamento elevada é desejável na moldagem por injeção de cerâmica porque pode reduzir a contração dimensional e promover uma melhor resistência dos componentes da amostra.

A curva de avaliação do binário para o pó de HAp está representada na Figura 4.8. O CPVP da matéria-prima foi efectuado utilizando um misturador Brabender durante cerca de 80 minutos. A adição de ácido oleico aumentará a leitura do binário. A forma da curva mostrou que a mistura foi efectuada com ácido oleico no pó de HAp.

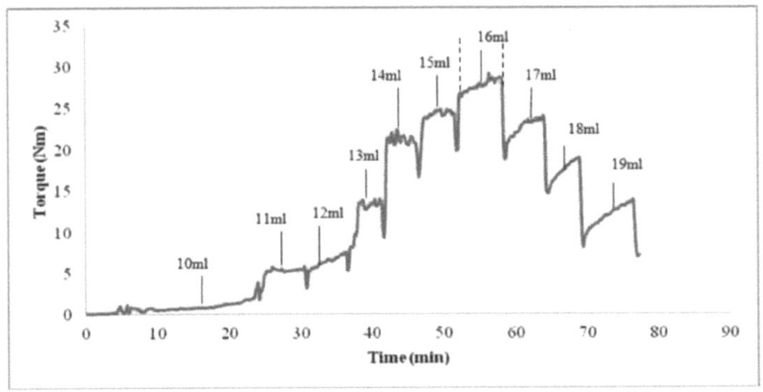

Figura 4.8: Binário de mistura em função do tempo de mistura

71

O binário de mistura demonstra a viscosidade da mistura, que é equivalente ao trabalho necessário para misturar o pó e o ligante. O CPVP apresenta o binário máximo ao misturar o pó de HAp e o ácido oleico para outras formulações de matérias-primas. A carga crítica é determinada quando o vazio é totalmente preenchido com o ligante e as partículas estão bem compactadas (Ibrahim et al., 2009).

A mistura foi efectuada à temperatura ambiente com uma velocidade de 50 rpm. Durante a fase inicial, o binário começou com um valor zero e o ácido oleico foi adicionado gradualmente até 9 ml. O binário começou a aumentar com a adição de 10 ml de ácido oleico e atingiu um pico de binário de 1,1 Nm. O volume de ácido oleico foi adicionado com 1 ml em intervalos de 5 minutos para monitorizar as alterações no valor do binário.

O binário manteve-se constante durante algum tempo, aproximadamente 5 minutos, devido ao ácido oleico que começou a revestir a superfície do pó de HAp até estabilizar. Em seguida, o estado de consolidação começou a aumentar quando 11 ml de ácido oleico foram adicionados pouco a pouco (1 ml cada) e atingiram 5,4 Nm, conforme indicado na Tabela 4.5. Na primeira fase da mistura, o binário parecia ser diretamente proporcional à adição de ácido oleico. O valor de binário mais elevado de 29 Nm foi observado com uma adição total de 16 ml de ácido oleico. Após 5 minutos de tempo de espera com o binário máximo, verificou-se que o valor do binário diminuiu após a adição de 17 ml de ácido oleico.

Tabela 4.5:
Correlação entre o volume de ácido oleico e a fração volumétrica do pó.

Volume of oleic acid (cm^3), V_o	Volume of fraction of powder (%), V_f
10	79.38
11	77.78
12	76.24
13	74.76
14	73.33
15	71.96
16	70.64
17	69.37
18	68.14

Do ponto de vista das propriedades de mistura, a variação do binário em relação à adição de ácido oleico observada pode resultar do efeito de cisalhamento com a lâmina do misturador devido à quantidade incremental de massa de pó. Assim, embora o processo CPVP seja operado à temperatura ambiente, suspeita-se que a temperatura do processo de mistura aumente devido à dissipação de calor causada pelo efeito de cisalhamento. A equação 4.2 mostra a correlação entre o volume de ácido oleico e o valor do binário.

$$CPVC = 100\,x\,\frac{V_f}{V_f + V_o}\,(\%)$$

(4.2)

De acordo com a equação 4.2, o resultado do CPVP obtido foi de cerca de 70,64% em relação à quantidade óptima de ácido oleico. A fim de fazer uma formulação diferente da matéria-prima, a carga óptima de pó deve seguir os requisitos referidos por German e Bose (1997) e ser mantida aproximadamente abaixo de 2-5% da carga crítica. O teste CPVP foi aplicado ao ácido oleico para obter a carga crítica de pó. De seguida, a partir da carga crítica, a carga em pó pode ser formulada utilizando estearina de palma (PSr).

Por conseguinte, a formulação proposta deve situar-se no intervalo de 65-68% de carga volumétrica. A carga ideal de pó pode reduzir significativamente a contração da sinterização. Isto é apoiado por uma pesquisa anterior realizada por Zakaria et al. (2016), que relatou a preparação de matéria-prima CPVP de HAp usando um suporte espacial de cloreto de sódio (NaCl). A pesquisa afirmou que o pico de torque máximo ocorreu em 82% da carga de pó, o que indica a porcentagem crítica de volume de pó.

Por conseguinte, a carga óptima de pó selecionada foi de 77% para o processo posterior de moldagem por injeção de pó. Amir et al. (2016) também relataram o CPVP da matéria-prima de um compósito Ti/HA usando estearina de palma, em que a carga de pó formulada para o processo de mistura foi fixada em 78,21%.

4.4.2 Binário de mistura

A homogeneidade da matéria-prima pode ser determinada pela variação da evolução do binário de mistura durante o processo de mistura ao longo de um período de tempo. O binário de mistura indica o trabalho necessário para misturar um pó e um ligante de forma homogénea e fornece a viscosidade da mistura. A formulação do ligante é vital para a uniformidade do processo de mistura.

Esta investigação começou com um processo de mistura com 100wt% de ligante de estearina de palma (PSr) com 2 temperaturas de mistura diferentes de 70°C e 160°C. A utilização da temperatura de mistura de 160°C deveu-se à temperatura dos sistemas de aglutinantes de PE e PP que tinham sido utilizados em investigações anteriores, como as relatadas por (Ali, 2015) e (Subuki, 2010), respetivamente.

Este estudo foi efectuado inicialmente para verificar a correlação entre o pó de HAp e o aglutinante de estearina de palma, uma vez que muitos estudos realizados por investigadores anteriormente tinham aplicado vários tipos de sistemas aglutinantes, como os que utilizam materiais poliméricos. Abu Bakar et al. (2003) apresentaram um relatório sobre biocompósitos de HAp utilizando um sistema aglutinante de poliéter-éter-cetona, Ramli et al. (2014) apresentaram um relatório sobre um compósito de aço inoxidável SS316L-HAp utilizando um sistema aglutinante de PSr e PE, Zhou et al. (2014) apresentaram um relatório sobre uma preparação de HAp com poliamida-66 e Tripathi et al. (2012) apresentaram um relatório sobre um compósito HAp-Al O_{23} utilizando um aglutinante de HDPE.

A Figura 4.9 mostra as alterações de binário como resultado de diferentes temperaturas de mistura para matéria-prima de 62 vol.%. As matérias-primas com temperaturas de mistura de 160°C e 70°C foram definidas como matéria-prima A e matéria-prima B, respetivamente. O binário máximo da matéria-prima A observado foi inferior a 5 Nm em comparação com a matéria-prima B, que teve um valor de binário máximo superior a 10 Nm. A matéria-prima A resultou numa tendência decrescente do binário no primeiro minuto do teste (5-20 min) e atingiu um estado estável aproximadamente após 30 minutos de mistura. A variedade de níveis de binário da matéria-prima B mostrou uma rápida diminuição do valor de binário e atingiu um estado estável num valor constante após 50 minutos de ensaio.

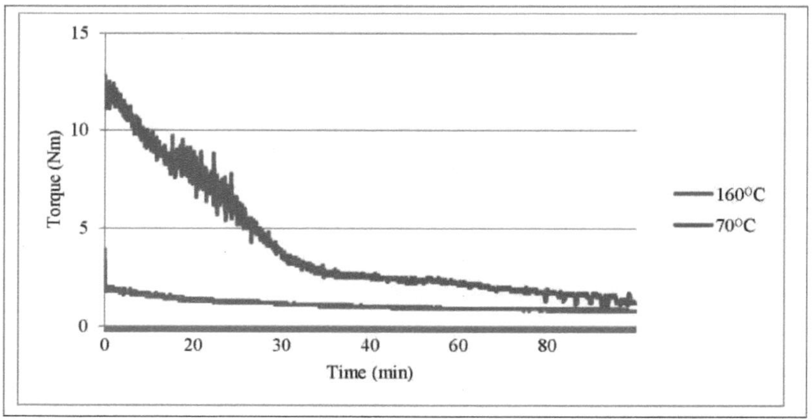

Figura 4.9: O binário de mistura em função do tempo das matérias-primas HAp com 100wt% de ligante de estearina de palma para 2 temperaturas diferentes

Os resultados mostraram que a variação da temperatura de mistura proporcionou propriedades como a viscosidade da mistura em relação à variação do nível de binário. A homogeneidade da matéria-prima preparada pode ser prevista: quanto mais baixo for o valor, melhor é a mistura (Supati et al., 2000). De acordo com a curva, verificou-se que uma temperatura de mistura mais elevada resultava num nível de binário mínimo.

Observou-se que a temperatura de mistura tem um maior impacto na homogeneidade e estabilidade da mistura do que a velocidade de mistura. Registou-se uma grande diferença de 10 Nm no nível de binário constante entre a matéria-prima A e a matéria-prima B. A temperatura elevada resultou possivelmente na evaporação do ligante durante o processo de mistura.

Observou-se que a matéria-prima se tornou mais viscosa e mais difícil de quebrar após o arrefecimento devido ao facto de o ligante ter sido misturado acima da sua temperatura de fusão. Assim, a partir daqui, a matéria-prima A não tinha boas propriedades de fluidez e não era adequada para utilização no processo de moldagem por injeção. Para a matéria-prima B, durante os primeiros 20 minutos, o valor do binário de mistura apresentou uma tendência máxima no início e caiu rapidamente para um estado estacionário com um valor constante. Também demorou mais tempo a atingir o estado estacionário, uma vez que o ligante foi misturado a uma temperatura mais baixa.

Para ambas as matérias-primas, durante a mistura, o aglutinante foi gradualmente derretido, o que criou o atrito com o pó a ser bem misturado. Esta fricção foi provavelmente causada pelo valor máximo de binário devido à resistência que existia entre a mistura e a pá do rotor (Ismail et al., 2005). Por conseguinte, a matéria-prima começou a ser homogénea quando o nível de binário atingiu o valor mais baixo com consistência.

Em contrapartida, a matéria-prima B foi a mais preferida porque apresentava melhores propriedades de mistura e era adequada para a moldagem por injeção. Relativamente às suas propriedades físicas, quando começou a arrefecer, a matéria-prima tornou-se frágil e fácil de partir. Acredita-se que a matéria-prima tinha um elevado teor de aglutinante, o que tornava a mistura homogénea. Isto justifica o facto de a matéria-prima com 100% em peso de estearina de palma ser difícil de misturar a uma temperatura mais elevada, porque o ponto de fusão da estearina de palma era muito baixo, pelo que a matéria-prima A não era aplicável à moldagem por injeção neste estudo.

Além disso, o pó e o aglutinante necessitaram de trabalho suficiente para se dispersarem e distribuírem homogeneamente durante a fase de mistura. Isto pode ser esclarecido pelo binário de mistura, que é diretamente proporcional à tensão de cisalhamento do misturador. O binário foi necessário para atingir o estado estacionário em relação ao tempo de mistura para obter uma mistura uniforme.

A partir da Figura 4.10, quatro cargas de pó variando de 62 vol.% a 68 vol.% de pó de HAp foram avaliadas usando a mesma formulação do sistema aglutinante de 100wt.% de estearina de palma.

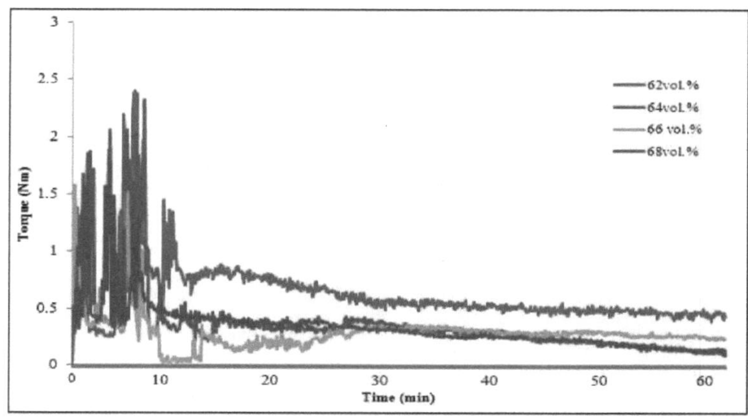

Figura 4.10: Tendência da curva do binário de mistura da matéria-prima com diferentes cargas de pó à temperatura de 70°C

Todas as cargas de pó foram formuladas com a mesma condição de baixa temperatura de mistura de cerca de 70°C. Este resultado foi apoiado por um estudo anterior realizado por Ali (2015). Neste estudo, o valor de 62 vol.% foi definido como referência para indicar a carga de pó ideal a ser utilizada. Do ponto de vista da HAp, a matéria-prima com a carga de pó mais elevada pode adquirir uma densidade e uma resistência a verde elevadas que reduzem a contração de sinterização seguinte.

O gráfico 4.10 mostra claramente que o binário mais baixo foi observado para todas as cargas de pó. Foi necessária cerca de 1 hora para formar a consistência do padrão de binário e atingir um estado estável. Na fase inicial, o pico apresentava um padrão instável devido ao pó e ao ligante, que começou a tornar-se homogéneo e atingiu um estado estável num período muito curto de apenas 30 minutos.

CAPÍTULO CINCO
CONCLUSÕES E RECOMENDAÇÕES

5.1 CONCLUSÃO

A partir da experiência realizada, há algumas sínteses que podem ser extraídas do seguinte modo:

i) Neste estudo, as matérias-primas utilizadas foram 2 fracções volumétricas de 62 e 68 vol.% misturadas com 100% de ligante de estearina de palma a uma temperatura de mistura baixa de 70 °C. Os dados reológicos mostraram que as matérias-primas apresentavam um comportamento pseudoplástico com uma gama de viscosidade inferior a 200 Pa.s. Do ponto de vista reológico, a leitura da viscosidade é significativamente inferior devido à utilização de um único ligante de estearina de palma. No entanto, o resultado mostra claramente que as matérias-primas foram moldadas com sucesso por injeção num espécime em forma de haltere a uma temperatura de 70 °C, sem que tenha sido observado qualquer defeito. Este aspeto é significativamente importante na CIM, uma vez que as temperaturas mais baixas podem reduzir o consumo de energia, especialmente durante a moldagem por injeção e o processo de mistura, o que conduz a poupanças de custos.

ii) Em seguida, estas duas matérias-primas apresentaram resultados bem sucedidos no processo de moldagem por injeção a uma temperatura de 70°C, tendo sido obtido um excelente acabamento superficial. A pressão utilizada foi de cerca de 300 kPa a 400 kPa e a máquina de moldagem por injeção simples permitiu um manuseamento mais fácil durante a produção das peças verdes.

iii) O espécime de HAp para ambas as formulações foi rebarbado e sinterizado com sucesso utilizando um processo de rebarbação de mecha única que produziu um excelente acabamento de superfície e apresentou defeitos mínimos. As peças castanhas de HAp foram avaliadas para várias caracterizações de propriedades físicas e mecânicas. Pode revelar-se que a percentagem de contração e a densidade obtidas parecem aumentar, enquanto a perda de peso diminui, inversamente, com temperaturas de sinterização gradualmente mais elevadas.

Com base nos resultados dos ensaios das propriedades mecânicas, uma sinterização mais elevada conduz a uma maior densificação, uma vez que reduz a percentagem de porosidade. Em conjunto com o resultado da dureza, uma maior carga de pó resulta num melhor valor de dureza, mas em termos de resistência à compressão, o efeito de uma maior sinterização resulta na alteração das fases da amostra sinterizada de HAp. Passa a fases TCP, o que reduz a resistência e não é recomendado para osso esponjoso ideal. O módulo de Young revela o potencial mais preferível da formulação que pode ser utilizada para aplicações biomédicas. O 68 vol.% mostra um valor ligeiramente superior ao 62 vol.% que é comparável ao valor das propriedades do osso esponjoso.

5.2 RECOMENDAÇÕES PARA TRABALHOS FUTUROS

Há recomendações para trabalhos futuros que são enumeradas:

i) O custo do pó comercial de HAp é bastante exorbitante porque é importado do estrangeiro. A hidroxiapatite a partir de materiais residuais, como conchas de moluscos, cascas de ovos ou outros, pode ser objeto de investigação mais aprofundada; pode reduzir o custo através da utilização de material reciclado, como demonstrado na investigação realizada por Ali (2015).

ii) Podem ser efectuados mais estudos para melhorar as propriedades dos espécimes de HAp, como a introdução do material Yttria para melhorar e impulsionar as propriedades físicas e mecânicas da HAp, se possível. Sugere-se que o ambiente de sinterização seja mais estudado noutros ambientes gasosos, como o hidrogénio e o árgon, para explorar outras propriedades úteis que possam ser utilizadas em aplicações biomédicas.

iii) A aplicação *in-vivo* e *in-situ* deve ser utilizada com o espécime de HAp resultante da moldagem por injeção, a fim de abordar diretamente a correlação do campo biomédico. O espécime poderia ser aplicado em osso de rato e poderia ser efectuada uma análise para ver as alterações que ocorrem no implante.

iv) A estearina de palma como aglutinante único deve ser optimizada noutras investigações, uma vez que a estearina de palma é a mais preferível em comparação com outros materiais poliméricos, pois proporciona um maior consumo de energia quando sujeita ao processo de sinterização. Além disso, este aglutinante está amplamente disponível na Malásia e tem um custo de produção menor com stock ilimitado. É também muito utilizado porque apresenta melhores propriedades em comparação com outros ligantes termoplásticos.

REFERÊNCIAS

Abdulrahman, I., Tijani, H. I., Mohammed, B. A., Saidu, H., Yusuf, H., Mohammed Ndejiko Jibrin, M. N.,& Mohammed, S. (2014). Do lixo aos biomateriais: An Overview on Egg Shell Based Hydroxyapatite, *Journal of Materials,* Artigo ID 802467, 6 páginas.

Abu Bakar, M. S., Cheang, P., Khor, K. A. (2003). Mechanical properties of injection molded hydroxyapatite-polyetheretherketone biocomposites, *Composites Science and Technology Volume 63, 3 4,* pp 421-425.

Abu Bakar, M. S., Cheang, P., & Khor, K. A. (2003). Mechanical properties of injection molded hydroxyapatite polyetheretherketone biocomposites, *Composites Science and Technology, 63, 3 4,* pp 421-425.

Agarwal, A., Tyagi, A., Ahuja, A., Kumar, N., De, N., Bhutani, H. (2014). Aspeto da corrosão dos implantes dentários Uma visão geral e revisão da literatura. *Open Journal of Stomatology,* 4, 56-60.

Aherwar, A., Singh, A. K., & Patnaik, A. (2015). Aspectos actuais e futuros da biocompatibilidade de biomateriais para próteses da anca AIMS Bioengineering, *3(1):* pp 2343.

Ahn, S., Park, S. J., Lee, S., Atre, S. V. & German, R. M. (2009). Efeito dos pós e ligantes nas propriedades do material e nos parâmetros de moldagem no processo de moldagem por injeção de pó de ferro e aço inoxidável. *Powder Technology, 193(2),* pp.162-169.

Ali, N. H. M. (2015). *Moldagem por injeção de pó de hidroxiapatita sintetizada em pó de Clamshell, Tese de Mestrado,* Faculdade de Engenharia Química, Universidade Teknologi MARA.

Amin, S. Y. M, Muhamad, N., Jamaludin, K. R., Fayyaz, A., & Heng, S. Y. (2014), Caracterização das propriedades da matéria-prima do PIM Wc-Co com sistema de aglutinante de estearina de palma, no 5º Simpósio e Exposição de Metalurgia do Pó, *Sains Malaysiana 43 (1),* 123-128.

Arifin, A., Sulong, A. B., Muhammad, N., Syarif, J., &Ramli, M. I. Pó de HA/Ti6Al4V com sistema aglutinante de estearina de palma: caraterização da matéria-prima. *Applied Mechanics and Materials, 564,327-375.*

Assollant, D. B., Ababou, A., Champion, E., & Heughebaert, M. (2003). Sinterização da hidroxiapatita de fosfato de cálcio Ca_{10} $(PO_4)_6$ $(OH)_2$ I. Calcinação e crescimento de partículas. *Jornal da Sociedade Europeia de Cerâmica, 23* (2), 229-241.

Asri, R. I. M., Harun, W. S. W., Hassan, M. A., Ghani, S. A. C., &Buyong Z. (2016). Uma revisão das técnicas de revestimento à base de hidroxiapatita: Deposições Sol-gel e Electroquímicas em Metais Biocompatíveis. *Jornal do comportamento mecânico de materiais biomédicos 57,* pp 95-108.

Designação internacional ASTM D1424-10, Método de ensaio normalizado para a resistência à compressão monotónica de cerâmica avançada à temperatura ambiente. PA19428- 2959, US.

ASTM International Designation D3835-08, Standard Test Method For determination of properties of polymeric materialby means of a capillary rheometer, PA 19428-2959, US.

ASTM International Designation F1185-03, Standard specification for composition of hydroxyapatite for surgical implant, PA 19428-2959 US.

ASTM International Designation F2024-10, Standard practice for Xray diffration determination of phase content of plasma sprayed hydroxyapatite coating, PA 19428-2959, US.

ASTM International Designation F2883-11, Standard guide for characterization of ceramic and mineral based scaffold used for tissue-engineered medical products (TEMP's) and as device for surgicalimplant applications, PA 194282959, US.

Aziz, S. N. A., Abu Bakar, M. A, Ismail M. H. (2015). Efeito da Estearina de Palma de Aglutinante de Base Única nas Propriedades Sinterizadas do Andaime de Hidroxiapatita, *Mecânica Aplicada e Materiais, 763*, pp 36-40.

Angyal, L., Karacsony, Z. M., Menyhard, A. K., & Banhegyi, G. (2016). Investigação de amostras de alumina fundidas a partir de suspensões de polímeros concentrados, *3ª Conferência Internacional sobre Materiais Competitivos e Processos Tecnológicos (IC-CMTP3),* Ciência e Engenharia de Materiais 123.

Arifin, A., Sulong, A. B., Gunawan, Mohruni, A. S., & Yani, I. (2014). Palm Stearin as Alternative Binder for MIM: A Review Journal of Ocean, Mechanical and Aerospace, *Science and Engineering, 7,* pp 18-23.

Bart, J. C. J., Palmeri, N. & S. Cavallaro, S. (2010). *Biodiesel Science and Technology:* From Soil to Oil, Woodhead Publishing.

Bellucci, D., Cannillo, V., Sola, A. (2010). Scaffolds de concha: Uma nova abordagem para andaimes biocerâmicos de alta resistência para regeneração óssea. *Materials Letter. 64,* 203-206.

Boretos, J. W., & Eden, M. (1984). Contemporary biomaterials: material and host response, clinical applications, new technology and legal aspect, *Journal of membrane Science, 21,* 232-233.

Boljanovic, V. (2010). Metalurgia do pó. Em Metal Shaping Processes: Casting and Molding, Particulate Processing, Deformation Processes, Metal Removal. *Industrial Press Inc,* Nova Iorque, EUA, pp. 75-106.

Bodla, K. K, & Garimella, S. V. (2014). Evolução microestrutural simulada e projeto de mechas porosas sinterizadas, *Journal of Heat Transfer, 136 (7).*

Bose, S., Roy, M., & Bandyopadhyay, A. (2012). Avanço recente no andaime de engenharia de tecido ósseo, *Tendências Biotecnologia, 20,* 546-554.

Brydone, A. S., Meek, D., & Maclaine, S. (2010). Enxerto ósseo, biomateriais ortopédicos e a necessidade clínica de engenharia óssea. Actas da Instituição de Engenheiros Mecânicos, Parte H: *Jornal de Engenharia em Medicina 224,* 1329-1343.

Butscher, A., Bohner, M., Roth, C., Ernstberger, A., Heuberger, R., Doebelin, N. (2012). Imprimibilidade de pós de fosfato de cálcio para impressão tridimensional de andaimes de engenharia de tecidos. *Ata Biomaterialia. 8:*373-85.

Byrappa, K., & Ohachi, T. (2003). *Crystal Growth Technology,* Nova Iorque: William Andrew.

Chaturvedi, T. P. (2013). Alergia relacionada com o implante dentário e o seu significado clínico, Journal of Clinical, *Cosmetic and Investigational Dentistry, 5.* pp 57-61.

Chen, B., Zhang, T., Zhang, J., Lin, Q., Jiang, D. (2008). Microestrutura e propriedades mecânicas da hidroxiapatita obtida pelo processo de fundição em gel. *Ceramic International Volume 34*, 359-364.

Chow, L. C., Eanes, E. D., & Karger, S. (2001). Fosfato Octacálcico. Em *Monografias em Ciência Oral;* 18, p. 168.

Choi, J. M., Kim, H. E., Lee, I. S. (2000). Deposição assistida por feixe de iões (IBAD) de camada de revestimento de hidroxiapatite em substrato metálico à base de Ti. *Biomaterials.* 2000;21:469-473.

Cimdina, L. B., & Borodajenko, N. (2012). Pesquisa de Fosfatos de Cálcio Usando Espectroscopia de Infravermelho com Transformada de Fourier, Espectroscopia de Infravermelho - Ciência dos Materiais, Engenharia e Tecnologia, Prof.

Costan, A., Forna, N., Dima, A., Andronache, M., Roman, C., Manole, V., Stratulat, L., Agop, M. (2011). Camada de hidroxiapatita biodegradável obtida em material de implante dentário de liga de Ti- 6al-4v, *Journal Of Optoelectronics And Advanced Materials 13(10),* Pp. 1338 - 1341.

Cui, Z., Nelson, B., Peng, Y., Li, K., Pilla , S., Li, W. J. (2012). Fabrico e caraterização de andaimes de poli (epsilon caprolactona) e poli (epsilon caprolactona)/hidroxiapatite moldados por injeção para engenharia de tecidos, *Material Science Engineering C Materials Biology Applied, 32,* 1674-1681.

Currey, J. (2001). "Biomaterials: sacrificial bonds heal bone", *Nature,* vol. 414, pp. 699 - 708.

Dall'Ara, E., Ohman, C., Baleani, M., & Viceconti, M. (2007). O efeito da condição do tecido e da carga aplicada na dureza Vickers do osso trabecular humano. *Journal of Biomechanics, 40(14):3267-70.*

DeJonghe, L. C., & Rahaman, M. N. (2003). Sintering of Ceramics, *Handbook of Advanced Ceramic, Elsevier*, Shigeyuki Somiya.

Dorozhkin, S. V. (2009). Cimentos e betões de ortofosfato de cálcio. *Materiais*, 2: pp. 221-291.

Dudek, A., & Klimas, M. (2013). A microestrutura e propriedades selecionadas de compósitos de titânio-hidroxiapatita obtidos por sinterização por plasma de faísca (método Sps), *Sociedade Polonesa de Materiais Compostos, 13 (3)*, pp: 208-213.

El Kady, A. M., Mohamed, K. R., & El Bassyouni, G. T. (2009). Fabrico, caraterização e avaliação da bioatividade dos biocompósitos de pirofosfato de cálcio/polímeros. *Ceramic. Internacional* 35(7), pp 2933-2942.

Dorozhkin, S. V. (2016). Ortofosfatos de cálcio (CaPO4): ocorrência e propriedades, *Progress in Biomaterials, 5(1)*, pp 9-70.

Dorozhkin, S. V. (2011). Ortofosfatos de cálcio: ocorrência, propriedades, biomineralização, calcificação patológica e aplicações biomiméticas. *Biomaterial 1*, pp: 121-164.

Dorozhkin, S. V. (2010). Ortofosfatos de cálcio como biocerâmica: State of the Art, *Journal of Functional Biomaterials, 1*, 22-107.

Dubok, V.A. (2000). *Metalurgia do Pó e Cerâmica Metálica, 39(7-8)*, 381-394.

Fleck C, Eifler D. (2010). Comportamento de corrosão, fadiga e fadiga por corrosão de materiais de implantes metálicos, especialmente ligas de titânio. *Jornal Internacional de Fadiga, 32*, pp 29-35.

Foudzi, M. F., Muhamad, N., A. B., Hafizawati Zakaria, H.(2013). Zircónia estabilizada com ítria formada por moldagem por injeção de micro cerâmica: Propriedades reológicas e efeitos de debinding na peça sinterizada, *Ceramics International 39*, 26652674.

Fomin, A. S., Barinov, S. M., Levlev, V. M., Smirnov, V. V., Mikhailov, B. P., Belonogov, E. K., Drozdova, N. A. (2008). Cerâmica de hidroxiapatita nanocristalina produzida por sinterização a baixa temperatura após tratamento a alta pressão. Doklady *Physical* Chemistry, *418*, 22-25.

Fooki, A. C. B. M., Aparecida, A. H., Fideles, T. B., Costa, R. C., Fook, M. V. L. (2009). Scaffolds porosos de hidroxiapatita pelo método da esponja polimérica. *Key Engineering Materials, 396-398*, 703-706.

Geetha, M., Singh, A. K., Asokamani, R., & Gogia, A. K. (2009). Biomateriais à base de Ti, a melhor escolha para implantes ortopédicos - Uma revisão, *Progress in Materials Science 54*, 397-425.

German, R.M. (2005). Metalurgia do pó e processamento de materiais particulados: The Processes, Materials, Products, Properties and Applications. 1ª Edição, *Federação das Indústrias de Pós Metálicos, Princeton*, pp: 528.

German, R. M. (2005). Powder Metallurgy and Particulate Materials Processing (Metalurgia do pó e processamento de materiais particulados), Nova Jersey: *Metal Powder Industries Federation* (MPIF).

German, R. M., & Bose, A. (1997). Injection Moulding of Metals and Ceramics (Moldagem por Injeção de Metais e Cerâmica). Nova Jersey. *Metal Powder Industries Federations.* (MPIF).

Gergely, G., Weber, F., Lukacs, I., Toth, A. L., Horvath, Z. E., Mihaly, J., & Balazsi, C. (2010). Preparação e caraterização de hidroxiapatita a partir de casca de ovo Ceramics International 36,803-806.

Gheno, R., Cepparo, J. M., Rosca, C. E., & Cotton, A. Distúrbios musculoesqueléticos em idosos. (2012). *Journal of Clinical Imaging Science. 2,* 39.

Giori N. J. (2010). Descoberta inesperada de uma cabeça femoral protésica metálica fracturada num implante não modular durante uma artroplastia total da anca de revisão. *Journal of Arthroplasty, 25*:659e13-5.

Girija, E. K., Kumar, G. S., Thamizhavel, A., Yokogawa, Y., & Kalkura, S. N. (2012). Papel do processamento de materiais na estabilidade térmica e sinterabilidade da hidroxiapatita nanocristalina .*Powder Technology, 225,* 190-195.

Gonçalves, A. C. (2001). Moldagem por injeção de pó metálico a baixa pressão. *Jornal de Tecnologia de Processamento de Materiais, 118, (1-3),* pp.193-198.

Gorjan, L., Dakskobler, A., Kosmac, T. (2010). Partial wick-debinding of low pressure powder-injection-moulded ceramic parts, *Journal of the European Ceramic Society 30,* pp 3013-3021.

Gorjan, L. (2012). Wick Debinding - *Uma Forma Eficaz de Resolver Problemas no Processo de Debinding da Moldagem por Injeção de Pó,* Dr. Jian Wang (Ed.).

Gorjan, L., Kosmac, T., & Dakskobler, A. (2014). Desbaste de pavio e sinterização em uma única etapa para moldagem por injeção de pó, *Ceramics International 40,* 887-891.

Gorjan L., Dakskobler A., Kosmac T. (2011). Evolução da resistência de peças cerâmicas moldadas por injeção durante a remoção de mechas. *Jornal da Sociedade Americana de Cerâmica, 95(1),* Páginas 188-193.

Gutierrez, J. G., Stringari, G. B., & Emri, I. (2012). *Moldagem por Injeção de Pó de Peças Metálicas e Cerâmicas, Algumas Questões Críticas para Moldagem por Injeção,* Dr. Jian Wang.

Harloff, T., Honle, W., Holzwarth, U., Bader, R., Thomas, P. e Schuh, A. (2010). Alergia ao titânio ou não? "Impureza" dos materiais de implante de titânio. *Jornal da Saúde, 2,* pp 306-310.

Hausnerova, B., Kuritka, I., & Bleyan, D. (2014). Substituição de espinha dorsal de poliolefina em ligantes para matérias-primas de moldagem por injeção de pó de baixa temperatura, *Moléculas, 19,* 2748-2760.

Hausnerova, B. (2011). Moldagem por injeção de pó - Um método de processamento alternativo para artigos automóveis. Em Novas tendências e desenvolvimentos na engenharia de sistemas automóveis, *Chiaberge M. (Ed.), InTech,* pp. 129-145.

Heimann, R. B., (2002). Ciência dos materiais de biocerâmica cristalina: A Review Of Basic Properties And Applications, *Chiang Mai University Journal Of Natural Sciences, 1, (1).*

Hench, L. L., e Ethridge. E. C. (1982). Biomaterials. *An Interfacial Approach, Academic Press,* New York, London Y.

Hench, L. L. (1998). Bioceramics. *Journal of the American Ceramic Society, 81,* 1705-1728.

Hughes, J. M., Kohn, M.,   & Rakovan, J.,   (2002). *Phosphates: Geochemical, Geobiological and Materials Importance;* Mineralogical Society of America, pp.742.

Hermawan, H., Ramdan, D., Djuansjahy, J. R. P. (2011), *Metals for Biomedical Applications, Biomedical Engineering - From Theory to Applications*, Prof. Reza Fazel (Ed.).

Hibbler, R. C. (2011). Mechanics of Material, Singapura: *Prentice Hall.*

Hin, T. S. (2004). Engineering Materilas for biomedical applications, Singapura: *World Scientific.*

Huang, B., Liang, S., Qu, X., (2003), The rheological of metal injection molding. *Journal of Material Processing Technology, 137,* pp 132-137.

Krug, S., Evans, J. R. G. & ter Matt, J. H. H. (2000). Tensões residuais e fissuração em moldes de injeção de cerâmica de grandes dimensões sujeitos a diferentes calendários de solidificação. *Journal of the European Ceramic Society, 20, (14-15),* pp.25352541.

Ibrahim, M. H. I., Muhamad, N. & Sulong, A. B. (2009). Investigação Reológica de Pó de Aço Inoxidável Atomizado com Água para Moldagem por Injeção de Micro Metal, *International Journal of Mechanical And Materials Engineering (IJMME), 4 (I),* pp 1-8.

Iriany (2002). *Kajian Sifat Reologi Bahan Suapan yang Mengandungi Stearn Sawit Untuk Proses Pengacuan Suntikan Logam. Tese de doutoramento,* Universiti Kebangsaan Malaysia.

Ismail, M. H. (2012). *Porous NiTi alloy by metal injection molding (MIM) using partly water soluble binder system, Doctoral Dissertation,* Department of Engineering Materials, University of Sheffield.

Ismail, M. H., Mohd Nor, N. H., & Jai, J. (2005). Characterization of homogeneous feedstock for Metal Injection Molding (MIM) process, *Instituto de Investigação, Desenvolvimento e Comercialização,* Universiti Teknologi MARA.

Jamaludin, K. R., Muhamad, N., Ahmad, S., Ibrahim, M. H. I., Mohd Nor, N. H., & Daud, Y. (2011). Injection moulding temperature and powder loading influence to the metal injection moulding (MIM) green compact, *Scientific Research and Essays 6 (21),* pp. 4532-4538.

Jamaludin, M. I., Abu Kasim, N. A., Mohamad Nor, N. H., & Ismail, M. H. (2015). Desenvolvimento de mistura porosa de Ti-6Al-4V com aglutinante de estearina de palma por técnica de moldagem por injeção de metal, *American Journal of Applied Sciences, Volume 12 (10)*, pp 742-751.

Jones, Loretta L. (2004). "Cerâmica". Química: Fundamentos e Aplicações. Ed. J. J. Lagowski. Vol. 1. New York: *Macmillan Reference USA 6*, pp. 4.

Kalpakjian, S., Schmid, S.R. (2008). *Processos de fabrico de materiais de engenharia (5ª edição)*, Pearson Education.

Karacsony, Z. s., Eros, A., Andersen, E., Banhegyi, Gy. (2015). Desenvolvimento de matéria-prima cerâmica para moldagem por injeção de pó, *Volume do Fórum de Ciência dos Materiais. 812*, pp 95-99.

Karatas, C., Kocer, A., Unal, H. I. & Saritas, S. (2004). Propriedades reológicas de matérias-primas preparadas com pó de esteatite e ligantes termoplásticos à base de polietileno. *Journal of Materials Processing Technology, 152,* 77-83.

Karageorgiou, V., & Kaplan, D. (2005). Porosidade de andaimes de biomateriais 3D e osteogénese. *Biomaterials, 26,* 5474-5491.

Kehoe, S. (2008). Recursos de nível de pós-graduação em Engenharia de Materiais. Edição 4: *Fosfatos de cálcio para aplicações médicas,* Universidade da Cidade de Dublin.

Khan, W., Muntimadugu, E., Jaffe, M., & e Domb, A. J. (2014) Capítulo 2 Dispositivos Médicos Implantáveis, Springer.

Krauss, V. A., Eduardo Nunes Pires, E. N., Klein, A. N., Fredel, M. C. (2005). Rheological properties of alumina injection feedstocks, *Materials Research,* 8(2).

Krauss, V. A., Oliveira, A. A. M., Klein, A. N., Al-Quershi, H. A., Fredel, M. C. (2007). A model for PEG removal from alumina injection moulded parts by solvent debinding, *Journal of Materials Processing Technology 182,* 268-273.

Lame, O., Bellet, D., Di Michiel, M. & Bouvard, D. (2003). Investigação microtomográfica in situ de compactos de pó metálico durante a sinterização. *Nuclear Instruments and Methods in Physics Research B, 200,* pp.287-294.

Lee, S., Porter, M., Wasko, S., Grace Lau, G., Chen, P. Y., Novitskaya, E. E., Tomsia, A. P., Almutairi, A., Meyers, M. A., & McKittrick, J. (2012). Potenciais materiais de substituição óssea preparados por dois métodos, *Materials Research Society Proceeding, 1408.*

Lenk, R. (2002). HeiBgieBen von keramik. Das Keramiker Jahrbuch, Goller-Verlag, *Baden-Baden,* pp. 13-26.

Li, Y., Li, L., & Khalil, K. A. (2007). Effect of powder loading on metal injection molding stainless steels, *Journal of Materials Processing Technology 183,* 432-439.

Li, X., Li, D., Lu, B., Wang, C. (2008). Fabrico de estruturas biocerâmicas com arquitetura interna pré-concebida através de técnicas de moldagem em gel e estereolitografia indireta. *Journal of Porous Materials, 15,* 667-671.

Liu, Z. Y., Loh, N. H., Tor, S. B., & Khor, K. A. (2002). Characterization of powder injection molding feedstock, Materials Characterization, 49, pp 313-320.

Liu, C., Chan, K. W., Shen, J., Liao, C. Z., Yeung, K. W. K., & Tjong, S. C. (2016). Compósitos híbridos de poliéter-éter-cetona com nanohidroxiapatita bioativa e enchimentos de nanotubos de carbono de paredes múltiplas, *MDPI Journal of Polymer, 8 (12),* pp 425.

Liu, Y., & Wang, M. (2007). Fabrication and Characteristics of Hydroxyapatite Reinforced Polypropylene as a Bone Analogue Biomaterial, *Journal of Applied Polymer Science,106(4),* pp 2780 - 2790.

Liu, W., & Xie, Z. (2014). Comportamento de sinterização sem pressão de cerâmicas de alumina moldadas por injeção, Science of Sintering, 46(1), pp 3-13.

Loebbecke, B., Knitter, R., & HauBelt, J. (2009). Rheological properties of alumina feedstocks for the low-pressure injection moulding process Journal of the European Ceramic Society 29(9), pp 1595-1602.

Lorenzo, L. M. R., Regi, M. V., Ferreira, J. M. F. (2001). Fabricação de corpos de hidroxiapatita por prensagem uniaxial a partir de um pó precipitado. Biomateriais, 22, 583-588.

Luo, T. G., Qu, X. H., Qin, M. L. & Ouyang, M. L. 2009. Dimension Precision of Metal Injection Molded Pure Tungsten (Precisão da dimensão do tungsténio puro moldado por injeção de metal). *Jornal Internacional de Metais Refractários e Materiais Duros* 27, pp 615-620.

Mamat, A., Choudhury, I. A., Taha, Z. Development and performance evaluation of a low-cost custom-made vertical injection molding machine, Journal of The Brazilian Society of Mechanical Sciences and Engineering, Volume 37, Issue 1, pp 79-86

Maetzig, M., Walcher, H., (2002). Estratégias para a moldagem por injeção de metais e cerâmicas. *Advances in Powder Metallurgy & Particulate Materials, 10,* pp. 3342.

Manivasagam, G., Dhinasekaran, D., Rajamanickam, A. (2010). Implantes biomédicos: Corrosion and its Prevention - A Review, *Recent Patents on Corrosion Science, 2,* pp 40-54.

Mannschatz, A., & Moritz, T. (2009). Challenges in Two-Component Ceramic Injection Moulding (Desafios na moldagem por injeção de cerâmica de dois componentes*), Ceramic Forum International 86(4),* pp 25-28.

Marcassoli, P., Cabrini, M., Tirillo, J., Bartuli, C., Palmero, P., Montanaro, L. (2010). Caracterização mecânica de cerâmicas micro/macro-porosas de hidroxiapatite obtidas por meio de um processo inovador de fundição em gel. *Key Engineering Material, 417-418,* 565-568.

Matula, G., Krzysteczko, J. (2015). Material poroso produzido por moldagem por injeção de cerâmica, *Journal of Achievement in Materials and Manufacturing Engineering, 71(1),* pp 14-21.

Md Ani, S., Muchtar, A., Muhamad, N., & Ghani, J. A. (2014). Remoção de aglutinante através de um processo de desbaste em duas fases para peças de moldagem por injeção de cerâmica, *Ceramics International, 40,* 2819-2824.

Mohamad Nor, N. H., Muhammad, N., Jamaludin, K. R., Ahmad, S., & Ibrahim, M. H. I. (2011). Caracterização da matéria-prima de liga de titânio para moldagem por injeção de metal utilizando aglutinante de estearina de palma. *Pesquisa de Materiais Avançados,* pp 586591.

Moritz, T. & Lenk, R. (2009). Ceramic injection moulding: a review of developments in production technology, materials and applications. PIM International, 3(3), 23-34.

Munoz, E. R. (2011). Capítulo 4, Materiais à base de hidroxiapatita: Synthesis and Characterization, *Biomedical Engineering- Frontier and Challenges*, Prof Reza Fazel (Ed.), InTech.

Muralithran, G. & Ramesh, S. (2000). Efeitos da temperatura de sinterização nas propriedades da hidroxiapatita. *Ceramic. International, 26,* 221-230.

Mustafa, N., Ibrahim, M. H. I., Amin, A. M., Asmawi, R. (2017). Otimização de Parâmetros de Hidroxiapatita Natural / Ss316l Via Moldagem por Injeção de Metal (MIM), Colóquio de Mecânica Avançada (Cams2016), *Ciência e Engenharia de Materiais 165.*

Mutsuddy, B. C., Ford, R. G. (1995). Ceramic Injection Molding, *Chapman and Hall: Londres, Reino Unido.*

Muthutantri, A. I., Huang, J., Edirisinghe, M. J., Bretcanu, O., Boccaccini, A. R. (2008). Imersão e electrospraying para a preparação de espumas de hidroxiapatite para a engenharia de tecidos ósseos. *Biomedical materials, 3,* 25009-25022.

Navarro, M., Michiardi, A. Castano, O., Planell, J.A. (2008). Biomaterials in Orthopaedics *Journal of The Royal Society Interface, 5(27),* pp 1137-1158.

Nazarpak, M. H., Solati-Hashjin, M.; Moztarzadeh, F. (2009). Preparação de cerâmicas de hidroxiapatite para aplicações biomédicas. *Journal of Ceramic Processing Research, 10,* pp 54-57.

Niinomi M. (2007). Caraterísticas de Fadiga de Biomateriais Metálicos. *International Journal of Fatigue, 29,* pp 992-1000.

Onbattuvelli, V. P., Enneti, R. K., Park, S., Atre, S. V. (2013). Os efeitos da adição de nanopartículas na remoção de aglutinante de nitreto de alumínio moldado por injeção. *Jornal Internacional de Metais Refractários e Materiais Duros, 36,* 77-84.

Onoki, T., Hashida, T. (2006). Novo método de revestimento de titânio com hidroxiapatite através da técnica de prensagem isostática a quente hidrotérmica. *Tecnologia de Superfícies e Revestimentos, 200,* 6801-6807.

Omar, M. A., Subuki, I., Abdullah, N., &Ismail, F. (2010). A influência do teor de estearina de palma no comportamento reológico do compacto MIM de aço inoxidável 316L, *Journal of Science and Technology,* 2, pp 1-14.

Orlovskii, V. P., Komlev, V. S., & e Barinov, S. M. (2002). Hydroxyapatite and Hydroxyapatite-Based, *Ceramics Inorganic Materials, 38(10),* pp. 973-984.

Oshida, Y., Tuna, E. B., Aktoren, A., & Gencay, K. (2010). Sistemas de implantes dentários. *Jornal Internacional de Ciências Moleculares, 11(4),* pp 1580-1678.

Osman, R., Swain, M. V. (2015). Uma revisão crítica dos materiais de implantes dentários com ênfase no titânio *e* na zircónia. *Jornal de Materiais, 8,* pp 932958.

Park, J., & Lakes, R. S. (2007). Biomaterials: Uma introdução, *Springer.*

Park, J. B., Bronzino, J. D. (2003). Biomaterials: Principles and applications. *Boca Rator,* FL: CRC Press, 1-241.

Patil, R. (2015). Implantes dentários de zircónia versus implantes dentários de titânio: Uma revisão sistemática. *Jornal de Implantes Dentários, 5(1),* pp 39-42.

Pecqueux, F.; Tancret, F.; Payraudeau, N.; Bouler, J.M. (2010). Influência da Microporosidade e Macroporosidade nas Propriedades Mecânicas das Biocerâmicas de Fosfato de Cálcio Bifásico: Modelação e Experimentação, *Journal of the European Ceramic Society, 30,* 819-829.

Piao, C., Wu, D., Luo, M., & Ma, H. (2014). Efeitos de proteção contra o estresse de dois grupos protéticos após a substituição total da simulação da articulação do quadril, *Journal of Orthopaedic Surgery and Research, 9,* pp 71.

Piotter, V., Honza, E., Klein, A., Mueller, T. & Plewa, K. (2015). Moldagem por injeção de pó de dispositivos multimateriais, Powder *Metallurgy, 58(5),* pp 344-348.

Piotter, V., Beck, M. B., Kleissl, H. J. R., Ruh, Andreas, Haubelt, J. (2008). Recent Development in Micro Ceramic injection Molding, *International Journal of Materials Research,* pp 1157-1162.

Pramanik, S., Agarwaly, A. K., & Rai, K. N. (2005). Development of High Strength Hydroxyapatite for Hard Tissue Replacement, *Trends in Biomaterials and Artificial Organs, 19(1),* pp 46-51.

Praveen, K. A., Kumarasamy, G.S., Nikhil, N., (2015). Análise da prótese de quadril composta de polímero reforçado com fibra de carbono com base em carregamento estático e dinâmico, *International Journal Of Applied Engineering Research,* 10 (85).

Prokopiev, O., & Sevostianov, I. (2006). Dependência das propriedades mecânicas da hidroxiapatita sinterizada na temperatura de sinterização, *Materials Science and Engineering:* A 431, 218-227.

Quinard, C., Barriere, T., Gelin, J. C. (2009). Desenvolvimento e identificação de propriedades da matéria-prima de aço inoxidável 316L para PIM. *Powder Technology,* 190, (1-2), pp 123-128.

Rabiei, A., Thomas, B., Jin, C., Narayan, R., Cuomo, J., Yang, Y., Ong, J. L. (2006). Um estudo sobre revestimentos de HA funcionalmente graduados processados por deposição assistida por feixe de iões com tratamento térmico in situ. *Surface Coatings Technology, 200,* pp 6111-6116.

Rahaman, M. N. (2003). *Ceramic processing and sintering,* Marcel Dekker, Basileia, Suíça, pp. 49-122.

Rahaman, M. N. (2003*). Ceramic and Sintering Second Edition.* Nova Iorque.

Rahaman, M. N. (2006). *Ceramic Processing.* Nova Iorque.

Ramesh, S., Aw, K. L., Tolouei, R., Amiriyan, M., Tan, C.Y., Hamdi, M., Purbolaksono, J., Hassan, M. A., Teng, W. D. (2013). Propriedades de sinterização de pós de hidroxiapatita preparados usando métodos diferentes, *Ceramics International 39,* pp 111-119.

Ramesh, S., Tan, C. Y., Bhaduri, S. B., Teng, W. D., & Sopyan I. (2008). Densification behavior of nanocrystalline hydroxyapatite bioceramics (Comportamento de densificação de biocerâmicas de hidroxiapatita nanocristalina). *Journal of Material Processing Technology,* Volume *206,* pp. 221-230.

Ramesh, S., Tan, C. Y., Hamdi, M., Sopyan,I., & Teng, W. D. (2007). A influência do rácio Cu /P nas propriedades da biocerâmica de hidroxiapatite, *Conferência Internacional sobre Materiais Inteligentes e Nanotecnologia em Engenharia, Procedimentos da SPIE,* 6423, 64233A.

Ramli, M. I., Sulong, A. B., Arifin, A., Muchtar, A., Muhamad, N. (2012). Moldagem por injeção de pó de compósito SS316L/HA: Propriedades reológicas e propriedades mecânicas da parte verde. *Jornal de Pesquisa em Ciências Aplicadas, 8 (11),* pp 5317-5321.

Ramli, M. I., Sulong, A. B., Muhamad, N., Muchtar, A., Arifin, A. (2014). Compósito de aço inoxidável 316L-hidroxiapatita via moldagem por injeção de pó: caraterização de propriedades reológicas e mecânicas. *Inovações em Pesquisa de Materiais ,18,* pp 100-104.

Ratner, B. D., Hoffman, A. S., Schoen, F. J., & Lemon, J. E. (2013). Biomaterials Science: *Uma introdução aos materiais em medicina,* Reino Unido: Elsvier

Razali, R. (2016). *Moldagem por injeção de metal da liga NiTi a partir de pó elementar de níquel e titânio usando sistema de aglutinante à base de estearina de palma, tese de mestrado,* Faculdade de Engenharia Química, Universiti Teknologi MARA.

Raynaud, S., Champion, E., Assollant, D. B., & Thomas, P. (2002). Apatite de Fosfato de Cálcio com Relação Atómica Ca/P Variável I. Síntese, Caracterização e Estabilidade Térmica de Pós. *Biomaterials,* 23, pp 1065-1072.

Regi, M. V. (2000). Ceramic for medical applications, *The Royal Society of Chemistry,* 97-108.

Regi, M. V., e Navarrete, D. A. (2015). Capítulo 1 Apatites Biológicas em Ossos e Dentes, Em *Nanocerâmicas de Uso Clínico: Dos Materiais às Aplicações Edição (2),* pp 1-29

Reikeras, O., Johansson, C. B. Sundfeldt, M. (2006). Incrustações ósseas em implantes press-fit e loose-fit: Comparações entre titânio e hidroxiapatite. *Journal of Long-Term Effects of Medical Implants, 16,* 157-164.

Rujitanapanich, S., Kumpapan, P.,   & Wanjanoi, P. (2014). Síntese de Hydroxyapatite from Oyster Shell via Precipitation, *Energy Procedia, 56,* pp 112-117

Sakka, Y., Takahashi, K., Matsuda, N., Suzuki, T. S. (2007). Efeito do tratamento de fresagem no desenvolvimento de textura de cerâmica de hidroxiapatita por fundição por deslizamento em alto campo magnético. *Material Transaction, 48,* 2861-2866.

Salcedo, S. S., Werner, J.; Regi, M. V. (2008). Estrutura hierárquica de poros de scaffolds de fosfato de cálcio através de uma combinação de métodos de gel-casting e de tape-casting múltiplo. *Ata Biomater.* Volume *4,* 913-922.

Santacruz, I. (2003). Moldagem por injeção aquosa de porcelanas, *Journal of the European Ceramic Society, 23,2053 2060.*

Schmidt, C., Ignatius A. A. , Claes L. E. (2001) Proliferation and differentiation parameters of human osteoblasts on titanium and steel surfaces. Journal of Biomedical Materials Research, 54, pp 209- 215.

Shengjie, Y., Lam, Y. C., Chai, J. C. (2004). Evolução da força de ligação líquida em compactos de moldagem por injeção de pó durante a desbobinagem térmica: simulação numérica, *Modeling Simulation in Materials Science and Engineering, 12,* pp 311-323.

Shi, D., (2006). Introdução aos biomateriais. *World Scientific Publishing,* p. 253.

Skoog, D., Holler, J., & Crouch, S. (2007). *Principles Of Instrument Analysis.* Belmont California: Cohe.

Socol, G., Torricelli, P., Bracci, B., Iliescu, M., Miroiu, F., Bigi, A., Werckmann, J., Mihailescu, I. N. (2004). Biocompatible Nanocrystalline Octacalcium Phosphate Thin Films Obtained By Pulsed Laser Deposition. *Biomaterials, 25,* pp 2539-2545.

Somasundram, I. M., Cedrowitz, M. A., Johns, M. L., Prajapati, B., Wilson, D., I. (2010). Simulação 2-D de debinding de pavio para peças cerâmicas em estreita proximidade, *Chemical Engineering Science, 65,* 5990-6000.

Sopyan, I., Kaur, J. (2009). Preparação e caraterização de hidroxiapatite porosa através do método da esponja polimérica. *Ceramic International, 35,* pp 3161-3168.

Soykan, H. S., & Karakas, Y. (2005). Injection moulding of thin walled zirconia tubes for oxygen sensors, *Advances in Applied Ceramics 104, 6,* pp 285-290.

Stupp S. I., Braun P. V.(1997). "Molecular Manipulation of Microstructures", *Biomaterials.*

Stanimirovic, Z., & Stanimirovic, I. (2012). *Moldagem por Injeção de Cerâmica, Algumas Questões Críticas para Moldagem por Injeção,* Dr. Jian Wang (Ed.)

Subuki, I. (2010). *Moldagem por injeção de pó de aço inoxidável 316L utilizando um sistema de aglutinante à base de estearina de palma. Tese de doutoramento,* Universiti Teknologi MARA.

Subuki, I., Ali, N. H. M, & Ismail, M. H. (2014). Propriedades reológicas da mistura de concha sintetizada de hidroxiapatita com sistema de aglutinante de estearina de palma, *Pesquisa de materiais avançados,* 911, pp 366-370.

Sudnik et al., (2000). Ceramic Composite Materials for MicroElectrodes produced by Injection Moulding, *Proceding of the 2nd European Symposium on Powder Injection Moulding,* Munique, 253-25.

Supati, R., Loh, N. H., Khor, K. A., & Tor, S. B. (2000). Mixing and Characterization of feedstock for powder injection molding (Mistura e caraterização de matéria-prima para moldagem por injeção de pó). *Materials Letters, 46,* pp 109-114.

Suri, P., Atre, S. V., German, R. M., de Souza, J. P., (2003). Efeito da mistura na reologia e nas caraterísticas das partículas da matéria-prima para moldagem por injeção de pó à base de tungsténio. *Ciência dos Materiais Engenharia A356,* 337-344.

Tadic, D.; Epple, M. (2003). Implantes mecanicamente estáveis de mineral ósseo sintético por prensagem isostática a frio. *Biomaterials* , *24*, pp 4565-4571.

Tandon, R. (2008). Moldagem por injeção de metal. Em *Encyclopedia of Materials: Science and Technology,* Buschow, K. H. J., Cahn, R. W., Flemings, M. C., Ilscher, B., Kramer, E. J., Mahajan, S. & Veyssiere, P. (Ed.), Elsevier Science Ltd, pp. 5439-5442.

Tanimoto, Y., Shibata, Y., Murakami, A., Miyazaki, T., Nishiyama, N. (2009). Effect Of Varying Hap/TCP Ratios In Tape-Cast Biphasic Calcium Phosphate Ceramics On Responcce In Vitro. *Jornal de Biologia de Tecidos Duros, 18,* 71-76.

Teoh, S. H. (2000). Fatigue of biomaterials: a review. *International Journal of Fatigue, 22,* pp 825-837.

Thamaraiselvi, T. V., Rajeswari, S. (2004). Biological Evaluation of Bioceramic Materials - A Review, *Trends in Biomaterials and Artificial Organs, 18 (1),* pp 9-17.

Thian, E. S., Loh, N. H., Khor, K. A., & Tor, S. B. (2002). Matéria-prima composta de Ti-6A1-4V/HA para moldagem por injeção, *Materials Letters, 56,* pp 522 - 532.

Thornagel, M. (2010). PIM 2010- A simulação do fluxo pode ajudar a evitar erros no molde. *Metal Powder Report,* 65(3), pp. 26-29,

Tian, T., Jiang, D., Zhang, J., Lin, Q. (2007). Processo de fundição de fita aquosa para hidroxiapatita. *Jornal da Sociedade Europeia de Cerâmica, 27,* pp 2671-2677.

Tredwin, C. J. (2009). *Revestimentos de hidroxiapatite, fluoridroxiapatite e fluorapatite derivados de Sol-Gel para implantes de titânio. Tese de doutoramento,* University College London.

Tripathi, G., Gough, J. E., Dinda, A., & Basu, B. (2012). Citotoxicidade in vitro e propriedades de osteointegração in vivo de biocompósitos híbridos HDPE-HA-Al2O3 moldados por compressão, *Journal of Biomedical Materials Research A, 101(6),* pp 1539-1549

Trunec, M., Dobsak, P., Cihlar, J. (2000). Effect of powder treatment on injection moulded zirconia ceramics (Efeito do tratamento do pó na cerâmica de zircónia moldada por injeção). *Journal of the European Ceramic Society* Volume 20 (7), 859-866.

Trunec, M., & Cihlar, J. (2002). Thermal Removal Of Multicomponent Binder From Ceramic Injection Mouldings, *Journal of the European Ceramic Society, 22,* pp2231-2241.

Tay, B. Y., Loh, N. H., Tor, S. B., Ng, F. L., Fu, G. & Lu, X. H. (2009). Characterisation of micro gears produced by micro powder injection moulding. *Powder Technology, 188(3),* pp 179-182.

Vadiraj A, Kamaraj M. (2007). Efeito dos Tratamentos de Superfície nos Danos por Fadiga por Fretting das Ligas de Titânio Biomédicas. Tribololgy International, 40, pp 82-8.

Viana, M., Ddsire, A., Chevalier, E., Champion, E., Chotard, R., Chulia, D. (2009). Interesse da Granulação Húmida de Alto Cisalhamento Para Produzir Pellets de Fosfato de Cálcio Poroso Carregados com Fármacos Para Preenchimento Ósseo. *Key Engineering Materials, 396398,* 535-538.

Vielma, P. T., Cervera, A., Levenfeld, B., & Varez, A. (2008). Produção de peças de alumina por moldagem por injeção de pó com um sistema de aglutinante baseado em polietileno de alta densidade. *Journal of the European Ceramic Society,* 28(4), (outubro de 2007), pp 763-771.

Wahi, A., Muhamad, N., Sulong, A. B., & Ahmad, R. N. (2016). Efeito da temperatura de sinterização na densidade, dureza e resistência da liga biomédica MIM Co30Cr6Mo, *Journal of the Japan Society of Powder and Powder Metallurgy, 63(7),* pp 434-437.

Wang, Z. P., Huang, Y. F., Xu, J. Z., Niu, B., Zhang, X. L., Zhong, G. J., Xu, L., Li, Z. M. (2015). Biocompósitos de hidroxiapatita moldada por injeção / análogo de polietileno-bone *via* manipulação de estrutura, *Journal of Materials Chemistry B, 3,* pp 7585-7593.

Woesz, A., Rumpler, M., Stampfl, J., Varga, F., Fratzl-Zelman, N., Roschger, P., Klaushofer, K., Fratzl, P. (2005). Rumo a materiais de substituição óssea a partir de fosfatos de cálcio através de prototipagem rápida e fundição de gel cerâmico. *Ciência e Engenharia de Materiais: C, 25, pp* 181-186.

Wright, J.K., & Evans, J. R. G. (1991). Remoção de veículo orgânico de corpos cerâmicos moldados por ação capilar, *Ceramics International 1(7)*, pp 79-87.

Yang, H.Y., Thompson, I., Yang, S. F., Chi, X. P., Evans, J. R. G., Cook, R. J. (2008). Caraterísticas de Dissolução de Andaimes de Fosfato Tricálcico de Hidroxiapatite Formados por Extrusão Livre. *Jornal de Ciência dos Materiais, Materiais em Medicina, 19*, pp 3345-3353.

Yang, S., Yang, H., Chi, X., Evans, J. R. G., Thompson, I., Cook, R. J., Robinson, P. (2008). Prototipagem rápida de redes cerâmicas para andaimes de tecidos duros. *Material and Design, 29*, pp 1802-1809.

Yang, W. W., Yang, K. Y. & Hon, M. H. (2002). Efeitos dos pesos moleculares de PEG no comportamento reológico de matérias-primas para moldagem por injeção de alumina. Química e Física dos Materiais, 78 (2), pp 416-424

Yilmaz, R., & Ekici, M. R. (2008). Microstructural And Hardness Characterization Of Sintered Low Alloyed Steel, *Journal of Achievements in Materials and Manufacturing Engineering, 31(1).*

Zainudin, M., & Ismail, M. H. (2017). Comportamento reológico da matéria-prima de zircônia estabilizada com ítria (YSZ) para o processo de moldagem por injeção de cerâmica (CIM), *Fórum de Ciência dos Materiais, 882*, pp 119-123.

Zainudin, M., & Ismail, M. H. (2016). Caracterização da peça sinterizada de Zircônia estabilizada com ítria (YSZ) pelo processo de moldagem por injeção Processos e sistemas avançados na fabricação Uma conferência internacional 2016, Kuala Lumpur, pp. 25-26.

Zhang, Y., Yokogawa, Y., Feng, X., Tao, Y., Li, Y. (2010). Preparação e propriedades de cerâmicas de apatita porosa bimodal através de fundição por deslizamento usando diferentes pós de hidroxiapatita. *Ceramic International, Volume 36*, 107-113.

Zhang, J., Gelin, J. C., Sahli, M., & Barriere, T. (2013). Fabricação de molde de aço inoxidável 316L por processo de gravação a quente para aplicações microfluídicas, *Journal of Micro and Nano-Manufacturing, 1* (4), pp 1019.

Zhou, S., Li,Y. B., Wang, Y. Y., Zuo, Y., Gao, S. B., & Zhang, L. (2014). Injection molded porous hydroxyapatite/polyamide-66 scaffold for bone repair and investigations on the experimental conditions, *Polymer Engineering & Science, 54(5),* pp 1003-1012.

Zlatkov, B. S., Griesmayer, E., Loibl, H., Aleksic, O. S., Danninger, H., Gierl, C. & Lukic, L. S. (2008). Avanços recentes na tecnologia CIM. *Science of Sintering, 40(2),* pp 185-195.

Zorzi, J. E., Perottoni, C. A., Jornada, J. A. H. D. (2002). Desenvolvimento de pele dura durante a remoção de ligante de corpos cerâmicos verdes à base de Al2O3. *Journal of Material Science 37(9),pp* 1801-1807.

1) 10 razões para ter...   - Implante Dentário CeraRoot Zirconia. (n.d.).
   Obtido em 21 de maio de 2017, de http://www.ceraroot.com/patients/10-reasons- why/
2) Moldagem por injeção. (n.d). Recuperado em 21 de maio de 2017, de
   http:www.wikiwand.com/en/injection_moulding

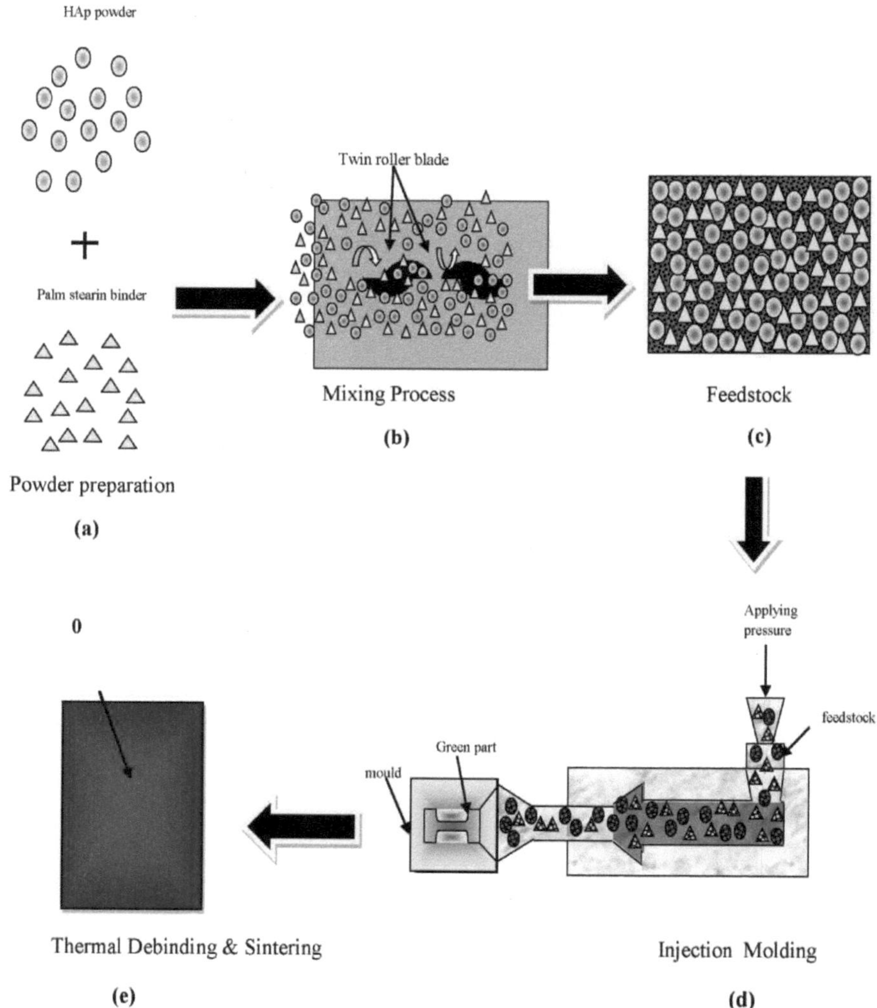
HAp powder
+
Palm stearin binder
Powder preparation
(a)
Twin roller blade
Mixing Process
(b)
Feedstock
(c)
Applying pressure
feedstock
Green part
mould
Injection Molding
(d)
Thermal Debinding & Sintering
(e)

Printed by Books on Demand GmbH, Norderstedt / Germany